JN195501

IoT開発スタートブック

ESP32でクラウドにつなげる電子工作をはじめよう!

下島健彦 著

GETTING STARTED WITH IoT DEVELOPMENT

TAKEHIKO SHIMOJIMA

技術評論社

はじめに

▪ IoTとはなにか?

　インターネットによって、私たちの生活は大きく変わりました。調べもの(検索)をする、商品を買う、売る、旅行の予約をするなど、インターネット以前にどうしていたのか想像できないほどの変化です。

　今、これと同じか、それ以上の変化が起きています。それがIoT(Internet of Things)、モノのインターネットと呼ばれるものです。

　従来のインターネットは、人がパソコンやスマートフォンの画面とやり取りをします。サービスの側から見ると、パソコンやスマートフォンの画面がサービスと現実世界の接点になっています。それに対してIoTは、インターネットにつながったセンサやロボットアームなどを内蔵したモノが、現実世界の状態を直接取り込んだり制御したりします。

　インターネットにつながったモノを介してサービスが現実世界と直接やり取りすることで、従来より自動化され、省力化、効率化された賢いサービスや新しいサービスが実現する、それがIoTの世界です。

▪ IoTのおもしろさ

　IoTは幅広い分野で利用されます。メディアではジェットエンジンの遠隔メンテナンスや工場の機械の監視、農地の温湿度監視、河川の水位監視など産業分野や社会インフラでの事例をよく目にします。一方で、スマートホームといわれるように、IoTを活用して室内の温度、湿度、明るさなどを快適に制御したり、鍵の制御をするなど、身近なところにもIoTの事例があります。

　室内の温度、湿度、明るさといった身近なものをデータ化し、コンピュータの世界に取り込んで、可視化したり制御できるというのがIoTのおもしろさのひとつです。

　社会インフラとして使われるものから身近なものまで、規模は大きく違いますが、システムの基本的な構造は共通です。身近な小規模なシステムを理解することで、大規模なシステムの理解につながることもまた、おもしろさのひとつではないでしょうか。

▪ 誰もがIoTシステムを作れる時代

　2000年代以降、Arduino(アルドゥイーノ)やRaspberry(ラズベリー) Pi(パイ)といったボードマイコンやシングルボードコンピュータが発売され、数千円で入手できるようになりました。このようなマイコンを使って世界中の技術者やホビーイストたちが自分たちの生活を便利に、楽しくするものを開発し、その事例をインターネットで公開するようになりました。

また温度センサ、光センサなどさまざまなセンサがスマートフォンに搭載され、大量に生産されたことで、安価に使えるようになりました。

このようにIoTシステムを作るのに必要な要素であるマイコンやセンサ、クラウドサービスが安価に入手できるようになり、その使い方の情報もインターネットで簡単に調べられるようになりました。まさに誰もがIoTシステムを作れる時代になりました。

興味があれば、自分のアイデアを形にできる。それもIoTのおもしろさです。

▪ 本書の想定読者

本書は、少しプログラミングの知識のある方を想定して書きました。したがって、「変数とは」とか「分岐と繰り返し処理」といったプログラミングの初歩的なことは説明していません。

一方、Arduinoにセンサをつないで温度を測定するというと、具体的なやり方は途方に暮れる方も多いと思います。本書はプログラミングは少し分かるけど、電子工作はやったことがない方を想定して、電子部品の基本や、選び方、買い方、つなぎ方、プログラムでの制御の方法などを丁寧に説明しています。

本書に沿って部品を集め、組み立て、プログラムを書けば、誰でもIoTシステムの開発をスタートできるでしょう。

▪ 本書の構成

第1章では、第2章以降開発を進めるうえでの地図となるよう、IoTシステムの全体像を説明します。

第2章から第5章は基礎編です。第2章は電子工作を始めるのに必要な部品や道具類などを説明し、最初の電子工作としてマイコンでLEDを点滅させます。第3章ではマイコンにセンサをつなぎ、温度、湿度を測定し、クラウドサービスに送信してデータを見える化します。第4章はより実用的なIoT端末を作るために、IoT端末をバッテリーで動かせるよう省電力化します。第2章から第4章まではArduinoで開発を進めますが、第5章では同じ題材をMicroPythonで開発します。

第6章から第8章は応用編です。第6章は家庭や工場の機械の消費電力を調べ、見える化するシステムを開発します。第7章ではサーモグラフィカメラを使って熱分布を調べ、第8章はサーモグラフィカメラで常に熱源を追いかけるシステムを開発します。

本書は、第1章から順番に読み進めてもよいですし、手っ取り早く手を動かして理解したい方は第2章、第3章を読み、あとは興味に応じて好きな章を読んでもよいでしょう。どのような順番で読むにしても、実際にパソコンとマイコンやセンサを用意して、本書に沿って開発を進めながら読むことをお薦めします。

▪ サンプルプログラムと、簡単に始めるためのキット

本書で扱っているすべてのプログラムはGithubというサイトで公開しています。

https://github.com/AmbientDataInc/IoTStartBook

また、第5章までに使うマイコンやセンサなどの部品はスイッチサイエンス社から「IoT開発スタートブック入門キット」として購入できます。詳しくはスイッチサイエンス社のWebサイトをご覧ください。第6章以降も含め、本書で使っている部品については付録1に部品リストを掲載しています。

https://www.switch-science.com/

さあ、IoTシステムの開発をスタートしましょう！

第1章

IoTの登場人物

―― インターネットと現実世界を繋げるために必要なものを知ろう

IoTシステムは端末、ネットワーク、クラウドサービスといった広い領域の技術の組み合わせでできています。本章ではIoTシステムの全体像と主な登場人物、つまり構成要素を概観します。

第2章以降ではマイコンにセンサやモーターなどをつなぎ、プログラムでこれらを制御して、ステップ・バイ・ステップで簡単なIoTシステムを開発していきます。どちらに向かって、どの部分に取り組んでいるかが分かるように、最初に大きな地図を頭にインプットしましょう。

IoTシステムとはなにか

IoT(Internet of Things)は「モノのインターネット」と呼ばれ、ヒトだけでなくモノがインターネットにつながってサービスを構成します。従来のインターネットがパソコンやスマートフォンなどの端末を介してヒトが使うサービスだったのに対し、IoTはモノが直接インターネットにつながっているという特徴があります。

モノをインターネットにつなげ、モノを介して現実世界の状態を観測し、観測したデータをクラウドサービスに送って記録し、可視化したり分析したりします。また、クラウドサービスから指示してモノを制御します。これにより新たな価値を創り出したり、既存のサービスや業務を改善したりするのがIoTです。

IoTシステムの例

IoTシステムの例をいくつか見てみましょう。

簡単なものでは、自作したセンサ端末で部屋の温度を測り、値をクラウドサービスに送信して、パソコンやスマホから温度が確認できるようなシステムがあります。これだけで小さなIoTシステムです。同様のシステムでオフィスの温度管理や農業のハウスの温度管理などもおこなえます。

仕事中でも気になる自宅のペットの様子。これをWebカメラで見たり、部屋の温度・湿度をセンサで管理したり、自動給餌をおこなうペットケアサービスもIoTの事例です。簡単なものなら個人でも作れそうですし、ペットフード会社や保険会社と連携した本格的なサービスもあります。

工場内の工作機械などの消費電力や振動、音を測定して、各機械の稼働状態を把握し、工場全体の稼働率を改善したり、機械の故障診断、故障予測をおこなうといったサービスもあります。

また、自治体がおこなう河川の水位監視と警報のシステムのような、社会インフラとなるIoTサービスもあります。山間部から河口まで広い範囲に渡ってリアルタイムに水位を測定し、測定データを収集し、状況の把握、予測、警報などをおこないます。

IoTシステムの構造

IoTシステムの構造を図にすると**図1-1**のようになります。主な登場人物は現実世界とのインタフェースになる端末、端末をインターネットにつなぐネットワーク、そしてクラウドサービスです。上の例に挙げたように、規模や必要とされる信頼性はシステムによってそれぞれですが、基本構造は共通です。

▽図1-1：IoTシステムの構造

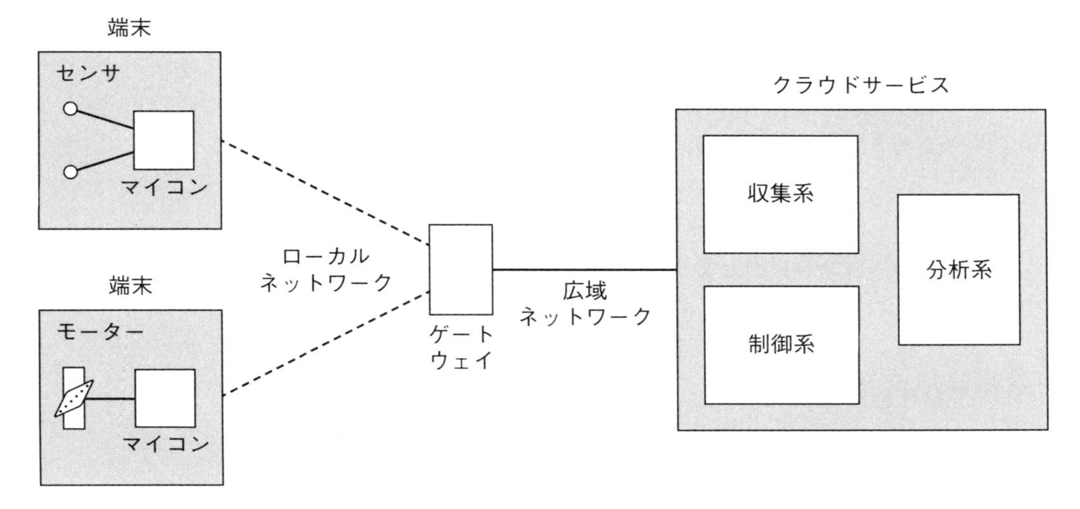

IoT端末は工場の工作機械や自動車など、モノに組み込まれている場合も多く、形はさまざまです。端末は現実世界を観測するセンサ、現実世界を動かすモーターなどと、それらを制御するマイコン、通信モジュール、電源などから構成されます。

端末はネットワークを経由してクラウドサービスにつながります。ネットワークには比較的近距離のローカルネットワークと、インターネットや携帯電話ネットワークのような広域ネットワークがあります。端末がローカルネットワークにつながり、ゲートウェイを介して広域ネットワークにつながるものもありますし、端末が直接広域ネットワークにつながる場合もあります。

クラウドサービスにはさまざまな機能がありますが、端末からのデータを集める収集系のサービスとそれを分析するサービス、端末を制御するサービスに分けられます。

ではそれぞれの役割や使える製品、サービス、選択のポイントについて見ていきましょう。

端末
—— 現実世界とのインタフェース

端末の役割

モノが置かれている現実世界の状態は温度、明るさ、音、揺れなどで表されます。また、モノの周辺の電波状態やモノの稼働状態なども状態のひとつです。これらはさまざまなセンサとそれを制御するマイコンで観測できます。また、マイコンで制御したモーターなどでモノを動かすこともできます。モーターなど現実世界を動かすものをアクチュエータといいます。

このようにモノや「モノを介した現実世界」をセンサで観測したり、アクチュエータで動かしたりする、つまり現実世界とのインタフェースになっているのがIoTにおける端末の役割です。

端末のもうひとつの役割は、センサやアクチュエータをインターネットにつなげることです。マイコンで制御されたセンサやアクチュエータがあるだけなら従来の家電製品や工作機械などと同じです。インターネットを経由してクラウドサービスにつながることがIoT端末の特徴です。

IoT端末には、温度を測定するセンサ端末のように端末として独立した形状のものもありますし、工場の工作機械や自動車などモノに組み込まれており端末としての形を持たないものもあり、形はさまざまです。

さまざまな端末たち

端末の中心になるのはセンサやアクチュエータ、ネットワークを制御するマイコンです。IoT端末では、価格や処理能力、消費電力などの要求条件に応じてさまざまなマイコンが使われます。

ここでは価格や入手性、開発環境などの観点から、個人や小規模事業者でも扱いやすいマイコンを見ていきましょう。

Arduino

Arduino（アルドゥイーノ）はボードマイコンとC++風のソフトウェアと統合開発環境からなるシステムで、Raspberry Pi（ラズベリーパイ）と並んで電子工作の世界でポピュラーなマイコンです。

もともとはイタリアで学生向けに安価なプロトタイプシステムとして開発されたもので、オープンソースハードウェアとしてハードウェア設計情報が公開されています。そのため、さまざまなスペックのボードマイコンが開発されています。

主要モデルの「Arduino UNO」(**写真1-1**)は16MHzの8ビットMPU(Microprocessor Unit)と2kバイトのメモリ(SRAM)、32kバイトのフラッシュメモリが搭載され、USBケーブルでパソコンと接続してプログラム開発をおこないます。

▽写真1-1：Arduino UNO

Raspberry Pi

Raspberry Piはイギリスのラズベリーパイ財団によって開発されているシングルボードコンピュータです。Arduinoと同じように教育用として開発されましたが、今ではIoT端末としてホビー用途や業務用途で幅広く使われています。

Raspberry Piにもいくつかのモデルがあります。主要なモデルは「Raspberry Pi 3 Model B+」という上位モデル(**写真1-2**)と、価格を抑えた「Raspberry Pi Zero WH」です。

OSとしてRaspbianというLinux系のOSが動作し、Raspberry Pi上でC/C++やPythonなどのプログラム開発ができます。

▽写真1-2：Raspberry Pi 3

ESP8266／ESP32

ESP8266／ESP32は中国のEspressif Systems社が開発した32ビットマイコンです。チップ上にWi-Fi通信モジュールが搭載されていることから、電子工作だけでなくIoT端末用のマイコンとしてよく使われています。ESP32はESP8266の上位機種で、搭載メモリが拡張され、Wi-Fiに加えてBluetooth通信機能が追加されています。Arduino統合開発環境とMicroPythonでプログラムを開発できます。

ESP8266とESP32はチップ状のマイコンですが、いくつかのメーカーからESP8266やESP32を搭載したボードマイコンが販売されています。

本書ではESP32を搭載した開発ボード「ESPr Developer 32」（**写真1-3**）を使ってIoTシステムを開発していきます。

BBC micro:bit

BBC micro:bit（マイクロビット）（**写真1-4**）は、英国放送協会（BBC）が情報教育のために開発したボードマイコンです。MPUとしてARM社のCortex-M0を搭載し、Bluetooth Low Energy（BLE）で通信できます。

ブロックを組み合わせてプログラミングできるBlock Editorや、MicroPythonのプログラミング環境が提供されています。教育用の使いやすいプログラミング環境がある一方、ARM社のmbed開発環境でのプログラミングも可能になっています。

▽**写真1-3：ESP32**

▽写真1-4：micro:bit

▽表1-1：紹介したマイコンの主なスペック

	Arduino UNO	Raspberry Pi 3	ESP32	micro:bit
MPU	ATmega328P 8ビット、16MHz	ARM Cortex-A53 クアッドコア64ビット、1.4GHz	Xtensa デュアルコア32ビット、240MHz	ARM Cortex-M0 32ビット、16MHz
SRAM	2kB	1GB	520kB	16kB
フラッシュメモリ	32kB		4MB	256KB
Wi-Fi	—	802.11.b/g/n/ac (2.4GHz、5GHz)	802.11 b/g/n (2.4GHz)	—
Bluetooth	—	Bluetooth 4.2 BR/EDR、BLE	Bluetooth 4.2 BR/EDR、BLE	Bluetooth 4.2 BLE
インターフェース	GPIO UART SPI I2C PWM ADC	GPIO UART SPI I2C I2S PWM	GPIO UART SPI I2C I2S PWM ADC DAC	GPIO UART SPI I2C PWM ADC
プログラミング環境	Arduino/C++	C/C++ Python など豊富	Arduino/C++ MicroPython	Block Editor MicroPython JavaScript

Arduino UNO、Raspberry Pi 3、ESP32、micro:bitの主なスペックを**表1-1**にまとめました。

端末で動作する言語とOS

センサやアクチュエータの制御やクラウドサービスとの通信を行うのは、マイコン上で動作するプログラムです。IoT端末で使われるマイコンのプログラムを開発する環境には、プログラムをパソコンなど別のコンピュータで開発してマイコンに転送して実行するクロス開発環境のものと、マイコン上で開発をおこなうセルフ開発環境のものがあります。

Arduino開発環境

Arduinoはパソコンなどでプログラムを開発し、マイコンに転送して実行するクロス開発環境のシステムです。Arduino IDE（統合開発環境）はWindows、macOS、Linuxで動作します。さらに、クラウド上に開発環境が置かれ、ブラウザでアクセスし、プログラムを入力、編集、ビルドするオンライン版も提供されています。

プログラムはC++風の言語で記述します。センサやアクチュエータを制御するライブラリ、Wi-Fiなどで通信するライブラリなど豊富なライブラリが提供されているほか、趣味から実用的なものまで幅広い製作事例がWeb上で公開されています。

Arduino開発環境は主要モデルであるArduino UNOで動作するプログラムだけでなく、ESP8266、ESP32、micro:bitで動くものも開発できます。

MicroPython

MicroPythonはマイコン上で動作するPython 3系のプログラミング言語とライブラリです。Pythonは画像処理や機械学習の分野でよく使われるプログラミング言語で、それと同じ言語でIoT端末のプログラミングができるため、人気があります。

マイコンにあらかじめPython OSに相当するファームウェアを転送しておき、パソコンなどでMicroPythonプログラムを書いて、マイコンに転送して実行します。

また、MicroPythonにはマイコン上でPythonコマンドを即時実行する対話的プロンプト（REPL）機能があります。1行ずつ動作を確認しながらプログラムを動かせるので、特にプロトタイプ開発段階で便利です。

MicroPythonは最低でも128kバイトのROM、8KバイトのRAMを必要とし、Arduinoの一部モデル、ESP8266、ESP32、micro:bitで動作します。Arduino UNOではメモリが足りず、動きません。

Linux

Linuxはサーバーなどでも使われるOSです。エディタ、C／C++コンパイラ、Python処理系などが動きます。画像処理や機械学習などのパッケージも動かせます。

Raspberry PiのOSであるRaspbianもLinux系のOSで、Raspberry Pi上でセルフでプログラムを開発できます。

センサ、アクチュエータ

端末を構成するもうひとつの要素が、各種センサ、そしてモーターなどのアクチュエータです（**写真1-5**）。

▽写真1-5：センサとアクチュエータ

センサは温度、明るさ、音、揺れといった現実世界の現象をマイコンで扱える電気信号に変えるものです。扱う対象によって温度センサ、明るさセンサ、振動センサなどさまざまなセンサがあります。マイクやカメラも、音や画像を電気信号に変換するセンサです。

アクチュエータはセンサとは逆に電気信号を動きに変えます。センサと合わせて、現実世界との接点になります。

センサとアクチュエータは非常に種類が豊富です。本書の後半では、いくつかのセンサとアクチュエータを事例とともに紹介します。

端末の技術選択のポイント

IoT端末の中心になるマイコンとしてArduino、Raspberry Pi、ESP8266／ESP32、BBC micro:bitを紹介しました。

マイコンを選ぶうえでは、MPUの速度やメモリ量、サポートされている言語、消費電力といった基本的なスペックに加えて、価格、入手性、情報の多さ、コミュニティの有無なども考慮しましょう。

速度が早く大きなメモリを搭載した強力なマイコンは消費電力が大きく、高価な傾向にあります。強力なマイコンがよいわけではなく、用途に合わせた適度な速度とメモリサイズのマイコンを選ぶ必要があります。特にセンサ端末など、電池で1年以上動作させたいようなものの場合、処理能力やメモリサイズが小さくても、消費電力が少ないマイコンが必要になります。

ここに挙げた4種類のマイコンはどれもネット通販で購入でき、入手性は問題ありませんが、特殊なマイコンを選ぶ場合はどこでどのように購入できるかも確認しましょう。

情報の多さやコミュティの有無も重要です。開発事例がネット上に数多く公開されているもの、特にご自分が興味を持っている領域の開発事例が多いものが便利です。また、Facebookなどの SNS上にはマイコンごとのコミュニティもあります。事例検索、情報交換の場として活用するとよいでしょう。

センサ、アクチュエータを選ぶうえでも、基本スペックの他に価格、入手性、情報の多さは重要です。特にセンサ、アクチュエータは種類が多いので、開発事例がネット上に数多く公開されているものが便利です。

ネットワーク
――2つの世界を仲立ちする技術

ネットワークはWi-Fiだけじゃない

現実世界とのインタフェースになる端末と、データを蓄積、分析してサービスの中心になるクラウドサービス、この2つを結ぶのがネットワークです。

オフィスや家庭のパソコン、特にノートパソコンはWi-Fiネットワークにつながり、インターネットを経由してクラウドサービスにアクセスしています。IoT端末もノートパソコンと同じように、まずWi-Fiネットワークなどのローカルネットワークにつながり、Wi-Fiルータなどのゲートウェイを介して広域のインターネットにつながるものと、スマートフォンのように3GやLTEの携帯電話などの広域ネットワークを介してクラウドサービスにつながるものがあります（**図1-2**）。

まずは、ネットワークに使われる技術にどのようなものがあるのかを見ていきましょう。

▽図1-2：さまざまなネットワーク

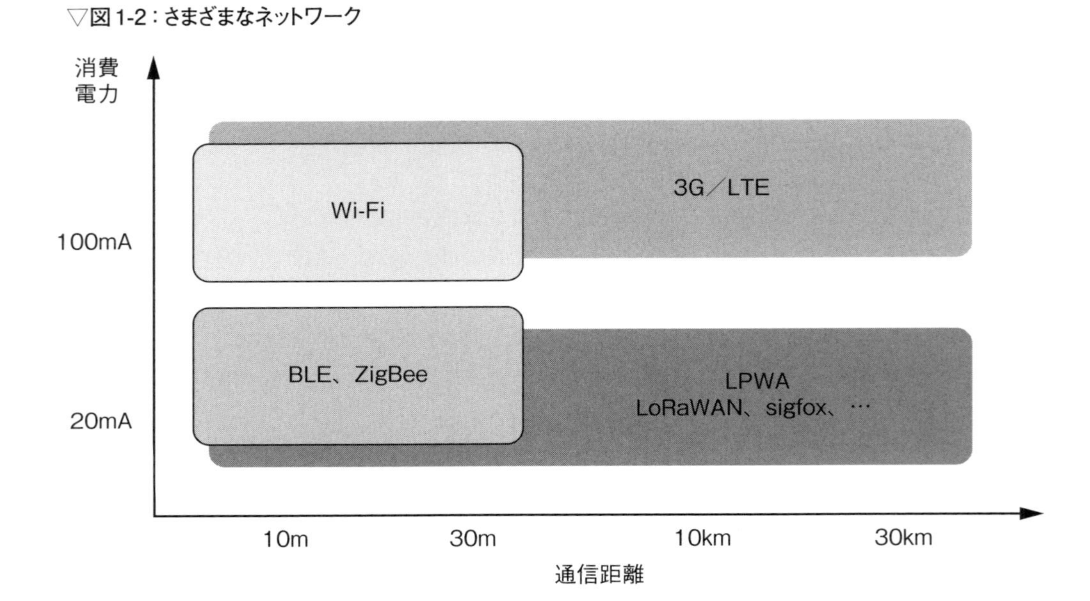

ローカルネットワーク

ローカルネットワークに使われる技術としてポピュラーなのはWi-FiとBluetoothです。この2つはスマートフォンに搭載されていて、全世界で年間数億個の通信モジュールが製造されることから、品質がよく価格の安いものが入手できることがメリットです。

Wi-Fi

Wi-Fiは国際標準規格であるIEEE 802.11規格を使用した無線LANです。

パソコンやスマートフォン、プリンタなど非常に多くの電子機器がWi-Fiで通信可能です。オフィスや工場、家庭、駅などの公共スペースと、いたるところにWi-Fiルータが設置されていて、IoTネットワークとしても使いやすいネットワークです。

周波数としては2.4GHz帯、5GHz帯を使います。60GHz帯を使う規格(IEEE 802.11ad)も策定されています。2.4GHz帯はWi-Fiの他にBluetoothや電子レンジなどの家電製品でも使われるため、干渉が起きやすい傾向にあります。一方、5GHz帯は他の家電製品などではほとんど利用されないため、干渉は起きにくいですが、壁や床などの障害物に弱い傾向にあります。

Wi-Fiルータやパソコン、スマートフォンなどでは2.4GHz帯、5GHz帯の両方に対応する機器がありますが、IoT端末で使われるマイコンの中には一方にしか対応していないものがあり、注意が必要です。たとえば上で紹介したRaspberry Pi 3 Model B+は2.4GHz帯、5GHz帯の両方に対応していますが、Raspberry Pi Zero WHやESP8266／ESP32は2.4GHz帯でしか通信できません。

Wi-Fiでは上位プロトコルとしてTCP/IPが動きます。Wi-Fiにつながった端末であれば、プロトコルを変換するゲートウェイがなくても、直接TCP/IPでクラウドサービスとやりとりできます。端末の制御プログラムだけを開発すればよく、ゲートウェイの開発が不要なのもWi-Fiの魅力です。

Bluetooth

Bluetoothは2.4GHz帯を使う無線通信の規格です。Bluetooth Basic Rate/Enhanced Data Rate(BR/EDR)と、BR/EDRよりも省電力化されたBluetooth Low Energy(BLE)から構成されます。

Bluetooth Low Energyは、スマートウォッチや活動量計、体重計、血圧計といったヘルスケア機器とスマートフォンとのデータのやり取りなどによく使われます。消費電力が少ないことからIoTのネットワークとしてもよく使われます。

ごく近距離のネットワークと思われがちですが、Wi－Fiと同じように数十m、条件が良ければ100m以上通信できるネットワークです。ただし無線通信は、実際にはアンテナの形状や、周りの構造物による反射、遮蔽、あるいはノイズなど環境の影響を大きく受けます。数十mというのはあくまでも目安で、実際の環境で電波を飛ばしてみないと分からないものです。

最近ではBluetooth meshという規格が追加されました。これは多数のデバイスが格子状に相互接続し、バケツリレー式にデータパケットを中継することで、通信距離を大幅に拡大するものです。工場全体、あるいはビル全体をカバーするようなセンサネットワークを構成するなど、IoTに適した機能拡張です。

Bluetoothでは、上位プロトコルとして実験的にTCP/IPを動かす事例もありますが、ポピュラーではありません。Bluetoothの端末がクラウドサービスにアクセスするためには、BluetoothとTCP/IPとを仲介するゲートウェイの開発が合わせて必要になります。

ローカルネットワークとしてはWi-Fi、Bluetoothの他にもZigBee、Wi-SUNなどさまざまなネットワークがありますが、使い勝手としてはWi-FiとBluetoothが最有力といえるでしょう。

広域ネットワーク

IoT端末を動かす場所に、Wi-FiルータやBluetoothのゲートウェイが設置できるとは限りません。山間部で河川の水位を観測してデータをクラウドサービスに送る、橋梁の構築物の歪みなどを監視する、水田の気温、水温を測定する、あるいは自動車など移動するものの状態を測定するといったアプリケーションでは、IoT端末が直接、携帯電話ネットワークのような広域ネットワークに接続する必要があります。

IoTで利用できる広域ネットワークとしては3G／LTEのような携帯電話ネットワークとLPWA（Low Power Wide Area）ネットワークと呼ばれる技術があります。

3G／LTE

3G／LTEは携帯電話で使われる通信方式です。マイコンで使える通信モジュールがあり、SIMカードを挿すことで携帯キャリアやMVNO各社が提供するサービスを使ってインターネットにアクセスできます。

携帯電話と同じように広いエリアで通信可能ですが、通信利用料がかかります。最近では携帯キャリア/MVNO各社からデータ量を低く抑え、利用料も低くしたIoT向けの料金プランも提供されています。

LPWAネットワーク

LPWAネットワークは通信速度を低く抑えて、数km、条件が良ければ100km以上の通信が可能な、IoT向けに開発されたネットワーク技術です。sigfox、LoRaWANなどのサービスがあります。

sigfoxはフランスのSIGFOX社が提供するIoTネットワークです。1国1事業者がサービス提供する戦略で、日本では京セラコミュニケーションシステムがサービスを提供しています。日本では920MHz付近の免許不要な周波数帯域を使います。センサネットワークでの使用を意識し、データ量と使用する通信帯域を小さくすることで消費電力を抑えています。また同一データを周波数を変えて3回送信することで、干渉への耐性を持たせています。

LoRaWANはLoRa Allianceという非営利団体が規格を定めるIoT向けの通信規格です。sigfoxと違い、複数の事業者がサービスを提供できます。使用する周波数帯域はsigfoxと同じ920MHz帯です。スペクトル拡散変調という変調方式を使うことで、ノイズに強く低消費電力な通信を実現しています。

sigfoxやLoRaWANは比較的広いエリアをカバーできることから、地方自治体などで試験的なサービスがおこなわれていて、これから普及してくるものと期待されています。

ネットワークの技術選択のポイント

IoTシステムのネットワークを選択する際には、端末の設置場所と通信するデータ量、頻度を考えます。端末の近くにWi-FiルータやBluetoothのゲートウェイがない、あるいは移動するものを対象とする場合は、広域ネットワークを使います。

通信するデータ量と頻度は扱う対象やサービスによって決まってきます。温度や明るさなどのデータはデータ量も少なく、通信頻度も5分に1回程度なのであまり問題にはなりません。一方、音や振動、あるいは画像や映像などは生データはデータ量が大きくなるので、そのまま送ると通信料金などのコストがかかりますし、クラウドサービスに必要以上の負荷をかけます。端末側で音や振動の大きさや周波数成分データに変換したり、画像や映像の特徴抽出をするなど、ある程度の処理をすることでクラウドサービスとやりとりするデータ量が減らせないかを検討し、必要に応じたネットワークを選択します。

価格については通信モジュールの価格に加え、広域ネットワークの場合は通信料金も確認しましょう。

IoTシステムを開発する場合は、ネットワークについても開発事例などがどの程度ネット上に公開されているかも大切なポイントです。

クラウドサービス ――「人」とのインタフェース

クラウドサービスの役割

IoTシステムの中心になるのはクラウド上のサービスです。クラウドサービスには、工場全体の流れを可視化し、効率を改善するもの、住宅を安全に快適に保つものなど、目的に応じてさまざまな個別のサービスがあります。その中で共通に使われる機能を集めたものをIoTプラットフォームといいます。

IoTプラットフォームには、データを受信、蓄積、可視化する収集系の機能、データを分析する機能、インターネットを経由してIoT端末を制御する機能が含まれます。

さまざまなIoTプラットフォーム

IoTプラットフォームには、収集、分析、制御といったフルラインの機能を揃えたリッチ系のサービスと、データ収集・可視化の機能に特化したシンプル系のサービスがあります。ここでは、リッチ系のサービスとしてAWS IoT、Microsoft Azure IoTを、シンプル系のサービスとしてAmbientを簡単に紹介します。

AWS IoT

AWS IoTは、Amazon Web ServicesがAWSの機能として提供するIoTデータの収集、端末管理のサービスです。AWSのデータ蓄積、可視化、分析、機械学習などのサービスと組み合わせてリッチなサービスが構成されます。

また、IoT端末の支援としてデバイス用のSDKやAmazon FreeRTOSという制御用のOSが提供されています。

AWS IoTに送られたIoTデータは「ルールエンジン」が評価、ルーティングして、AWS Lambda、Amazon S3、Amazon Machine LearningなどAWSのバックエンドのサービスに配信し、データの収集、処理、分析をおこないます。

料金はAWS IoTに配信されたメッセージ数に基づく従量制で、無料枠が用意されています。

小規模なシステムから数十億の端末を管理する大規模なシステムまで幅広く対応できるIoTプラットフォームです。

Microsoft Azure IoT

Microsoft Azure IoTは、Microsoftが提供するクラウドサービスAzureの中で、IoTデータの収集、端末管理をおこなうサービスです。Azureのデータ蓄積、分析、機械学習などのサービスやPower BIといった可視化、分析サービスと組みわせてリッチなサービスが構成されます。IoT HubがAzure IoTと他のAzureサービスを結びつけています。

また、端末側の支援としてWindows 10 IoTという組み込み機器用のOSを提供しています。

料金はメッセージ数に基づく従量制で、無料枠が用意されています。

AWS IoTと同様に、小規模なシステムから大規模なシステムまで幅広く対応できるIoTプラットフォームです。

Ambient

Ambientは、収集系に特化したシンプル系のサービスで、著者が運営しています。

フリーミアムの価格体系で、無料で使い始められます。Arduino、mbed、Pythonなどからデータ送信するライブラリが提供されていること、Web上にArduinoやRaspberry Piなどを使った開発サンプルが提供されていることなどが特徴で、簡単に使い始められるサービスです。

クラウドサービスの技術選択のポイント

個人あるいは自社で簡単なIoTシステムの開発から始めるなら、シンプル系のサービスからスタートし、システムを大規模に展開するタイミングで、リッチ系のサービスを検討するのがよいでしょう。

また、検討の際には機能的な比較に加えて、講習会や技術サポートなどサポート面を加味するとよいでしょう。

まとめ

本章ではIoTシステムを開発するための予備知識として、IoTシステム全体の構造と、主な構成要素を見ました。IoTシステムは個人で作れるペットの見守りのような小規模なものから、河川の水位監視のような社会インフラになる大規模なものまで、規模や必要とされる信頼性はさまざまです。しかし基本的な構造は共通で、構成要素はIoT端末、ネットワーク、クラウドサービスの3つです。

IoT端末や、それに含まれるマイコン、センサ、アクチュエータ、そしてネットワーク、クラウドサービスはいずれも、個人や小規模事業者でも扱える安価で簡単なものが登場しています。アイデア次第でIoTを活用して自分の生活や仕事を少し便利に、楽しくできますし、そのノウハウをビジネスに活かしていくこともできます。

ではいよいよ、IoTシステム開発をスタートしましょう。

第2章

電子工作への第一歩

――Lチカで「端末」を開発するための基本を知ろう

第1章ではIoTシステム全体の構造と、主な構成要素であるIoT端末、ネットワーク、クラウドサービスについて見てきました。

本章では最初に、電子工作を進める最低限の知識として、回路図や実体配線図の見方、開発に必要になる電子部品やその入手方法を学びます。次にIoTシステム開発の第一歩として、マイコンでLEDを光らせます。プログラム学習の第一歩において、"Hello World"をプリントすることで、プログラムの構造、コンパイルや実行の方法などの基礎を理解するのと同じように、ごく簡単な電子工作を通じて、電子回路の組み立て方、マイコンのプログラム開発環境の設定、使い方などを理解していきましょう。

「電子回路の基本」の最低限

回路図の見方

IoT端末はマイコンやセンサなどの電子部品を使って作られます。電子部品同士のつなぎ方を示したものが回路図や実体配線図なので、その見方に慣れておきましょう。まず簡単な回路として電池にLEDをつないで光らせ(**写真2-1**)、その回路図を見てみます。

LEDはLight Emitting Diodeの略で発光ダイオードと呼ばれます。最近では電球にもなっていてお馴染みですが、電子工作で使われるLEDは**図2-1**のような形をしているものが多いです。

LEDには2本の足があり、長いほうがプラス、短いほうがマイナスです。回路図では**図2-1**の右側の記号で表します。LEDのプラス側からマイナス側に電流を流すとLEDが光ります。**写真2-1**の電池と抵抗とLEDを回路図で表すと**図2-2**のようになります。

▽写真2-1：電池とLED

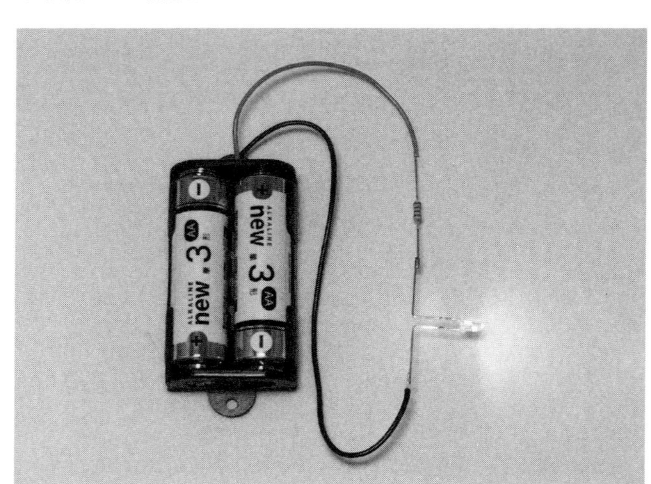

▽図2-1：LED

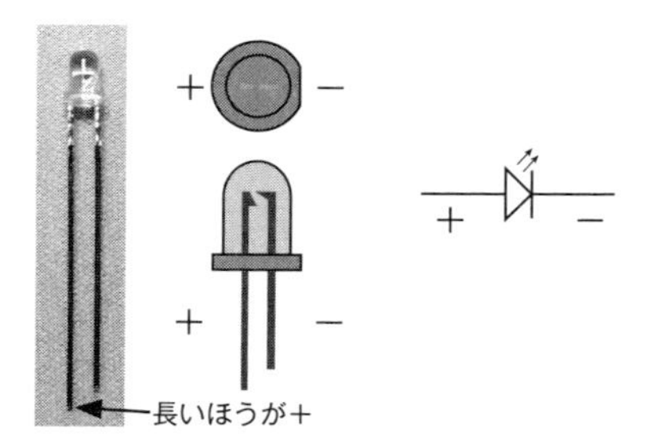

▽図2-2：LEDの回路図

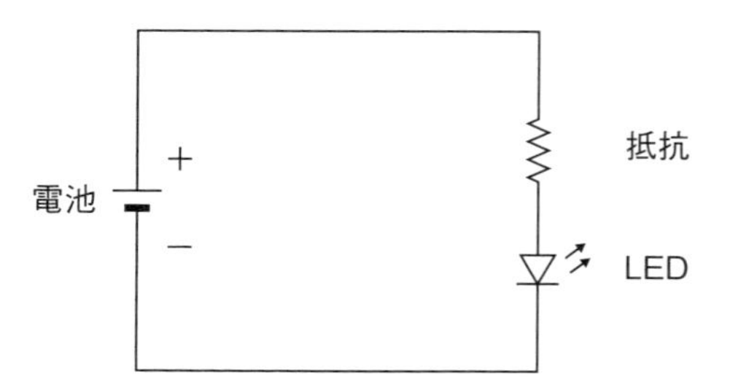

電子はマイナスからプラスに移動しますが、電子回路では電流はプラスからマイナスに流れることになっています。回路図では原則として電流が左から右に、上から下に流れるように書きます。また、回路は閉じている、つまり電源のプラスから流れた電流がマイナスに戻るルートがつながっていないと、電流が流れず、回路は動作しません。電流を送り出すルートを「電源」、戻るルートを「グランド」といいます。

マイコンやセンサも、動作するためには電源が必要です。マイコンとセンサの間で制御やデータのやり取りをする信号線を省略して、電源と電流の戻りルートであるグランドを回路図にすると**図2-3**のようになります。仮に電源が3.3Vだとすると、マイコンにもセンサにも同じ3.3Vが加えられます。また、グランドは0Vです。

なお、実際には電池は時間とともに電圧が変化するので、マイコンなどに直接つながず、安定化回路を介してつなぎますが、ここでは省略しています。

電源とグランドは多くの部品が共通につながれるため、回路図が煩雑になるのを防ぐために、電源同士、グランド同士の接続を省略し、**図2-4**のような記号で表します。+3.3Vは電源電圧を示しているので、電源電圧が5Vであれば+5Vと書かれます。

▽**図2-3：マイコンとセンサの回路図**

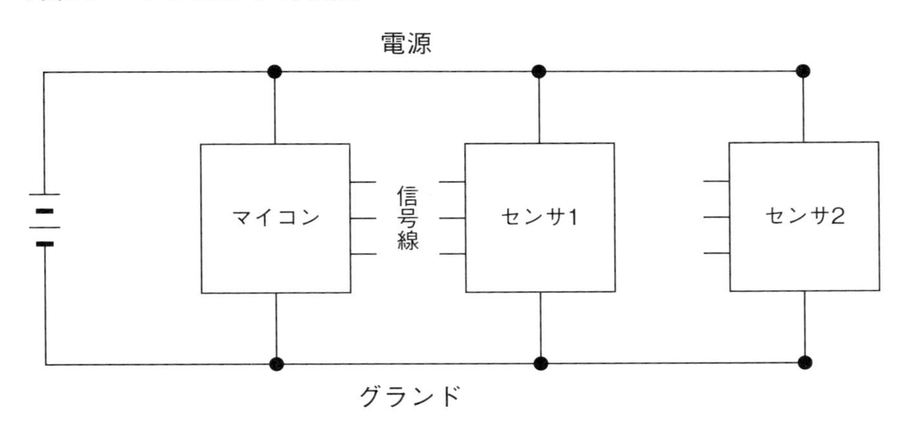

▽**図2-4：電源とグランドの記号**

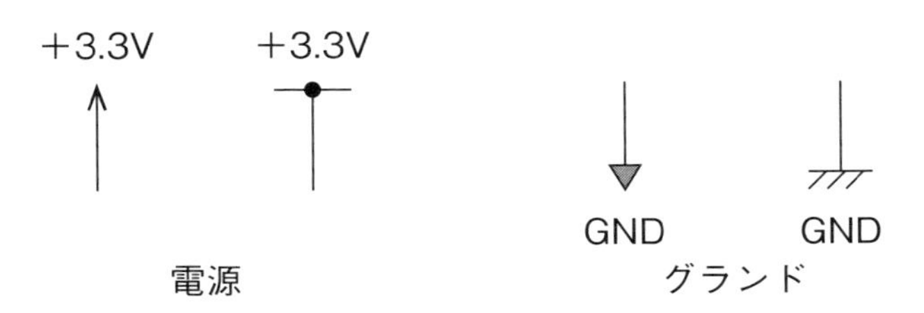

▽図2-5：マイコンとセンサの回路図2

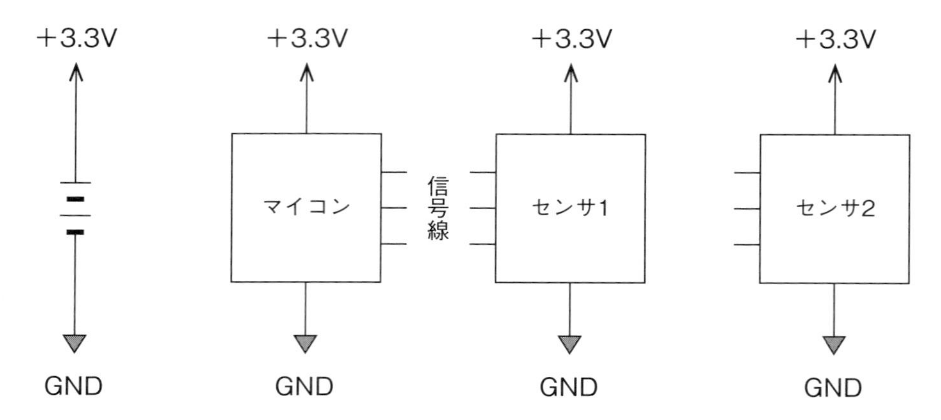

マイコンとセンサの回路図は**図2-5**のように表されます。この図にマイコンとセンサの間の信号線を書き加えたものがこれから使っていく回路図です。

電圧、電流、抵抗

理科の時間に習ったオームの法則を覚えているでしょうか。電圧Eと電流Iと抵抗Rの関係を示したもので、R(Ω)の抵抗にE(V)の電圧を加えると、I(A)の電流が流れるという関係です(**図2-6**)。

これは、次のような式で表わされます。

$$E(\mathrm{V}) = I(\mathrm{A}) \times R(\Omega)$$

電池でLEDを光らせるときに、回路の中に抵抗が入っていました。LEDはプラスからマイナスに電流が流れるときの抵抗値が非常に小さく、電池にLEDだけをつなぐと大きな電流が流れ、LEDを破壊してしまいます。LEDは、部品によりますがおよそ20mAの電流を流すような作りになっています。LEDのプラスからマイナス方向の抵抗値を0Ωとすると、3Vの電池で20mAの電流を流すためには、150Ωの抵抗が必要になります。

▽図2-6：電圧・電流・抵抗

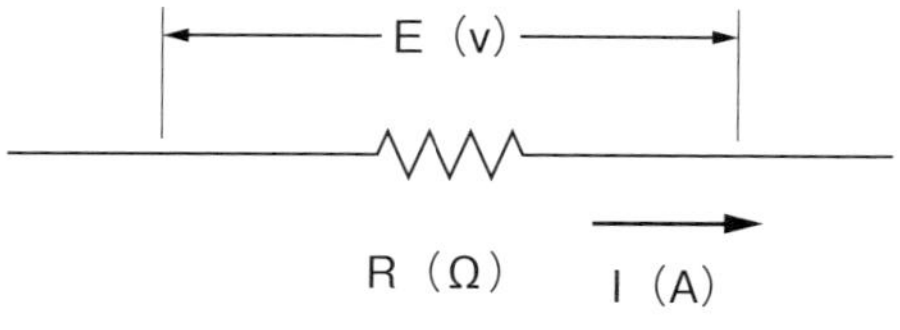

E（v）
R（Ω）
I（A）

これを先ほどの式で考えれば、次のようになります。

$R = 3V \div 20mA = 150\,\Omega$

本書ではいくつかのIoT端末を開発しますが、本書で扱う範囲であれば、電圧、電流、抵抗の関係を頭に入れておけば大丈夫です。

回路図、実体配線図、ピン接続対応表

写真2-2の左は本書で使うマイコンESP32を搭載した「ESPr Developer 32」という開発ボードです。写真の右は本書の後半で使う温湿度センサSi7021を搭載したセンサモジュールです。

電子工作の第一歩では、このような開発ボードやセンサモジュールをつないで、電子回路を組み立てます。開発ボードやモジュールのつなぎ方は回路図(**図2-7**)の他に実体配線図(**図2-8**)、接続するピンとピンの対応表(**図2-9**)などでも表されるので、その見方に慣れておきましょう。

開発ボードやセンサモジュールをよく見ると、マイコンやセンサIC以外に、いくつかのIC、トランジスタ、抵抗、コンデンサなどが載っていますが、最初はボードの中の抵抗やコンデンサなどはあまり気にしなくても大丈夫です。

なお、本書では「ESPr Developer 32」のようにマイコンや安定化電源回路などが載ったボードを「マイコン開発ボード」あるいは「開発ボード」と呼びます。また、センサICや抵抗などが載ったボードを「センサモジュール」と呼びます。

次の回路図(**図2-7**)、実体配線図(**図2-8**)、ピン接続対応表(**表2-1**)はいずれも本書の後半で開発するマイコン(ESP32)ボードと温湿度センサを使ったセンサ端末で、同じものを表してい

▽**写真2-2：ESP32とSi7021**

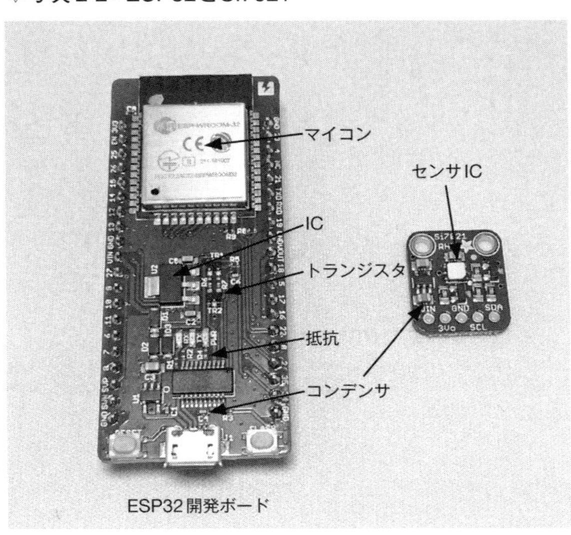

ます。

図2-7の回路図は本章の最初に説明したものです。電源とグランドは記号で書かれいて、実際にはそれぞれ相互に接続されます。**図2-7**はマイコンとセンサの間の信号線も書かれています。

図2-8の実体配線図は具体的でわかりやすく、簡単な回路や初心者向けの資料でよく使われます。実体配線図は実物とほぼ同じ部品の絵が使われ、配線の土台になるブレッドボードと呼ばれる部品やジャンパワイヤと呼ばれる線材も描かれます。部品のどのピンとどのピンが接続されているかが線で描かれ、省略はありませんが、部品数が増え、回路が複雑になってくるとかえって煩雑で見にくくなります。

慣れた人向けにはピン接続対応表が使われることも多いようです。**表2-1**の例はマイコンESP32とセンサSi7021のピンの接続を示していて、ESP32の3V3ピンがSi7021のVinピンと、ESP32のGPIO22ピンがSi7021のSCLピンとそれぞれ接続されることを表しています。マイコン開発ボードやセンサモジュールを使う場合、慣れてくるとピン接続対応表で回路を組み立てることができます。

▽**図2-7：回路図**

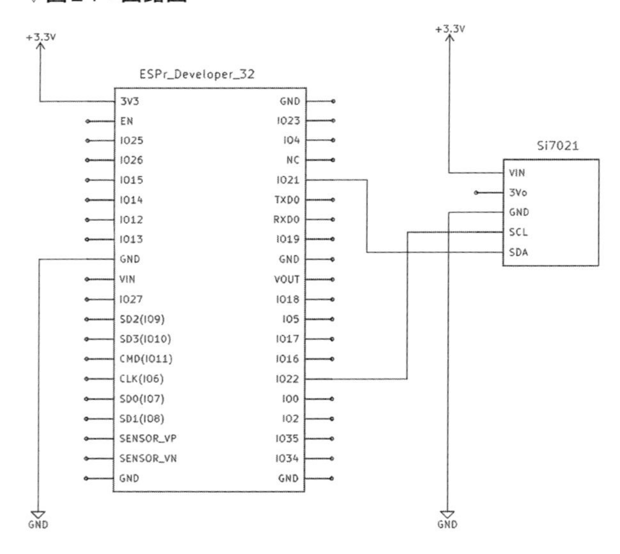

▽**図2-8：実体配線図**

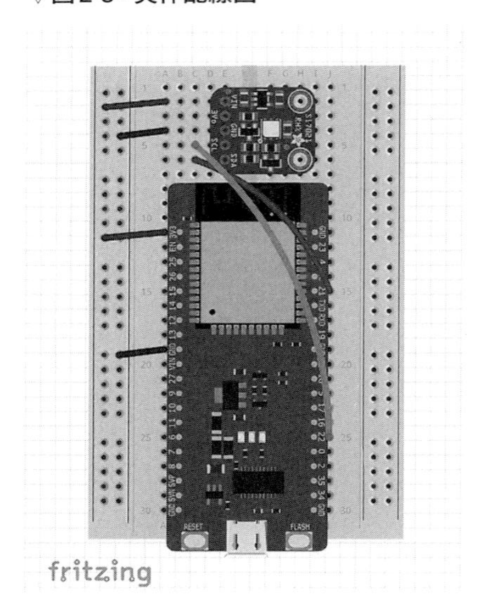

▽**表2-1：ピン接続対応表**

ESP32	Si7021
3V3	Vin
-	3Vo
GND	GND
GPIO22	SCL
GPIO21	SDA

開発に必要なものを知る

ブレッドボードとジャンパワイヤ

マイコンやセンサなどを使ってIoT端末を作るときに、ブレッドボードはその土台になるものです。もともとは「パンを切るまな板」という意味ですが、電子工作の世界ではプロトタイプを作るための基板のことです(**写真2-3**)。

ブレッドボードの穴に部品や線材を挿して使い、はんだ付け不要で回路を構成できます。はんだ付けをしないので、何度でも部品や配線を変更でき、プロトタイプ開発では非常に便利です。**写真2-3**の横方向の穴が1列ごとにaからe、fからjまでつながっています。さらに、両端の赤(+)と青(-)と書かれた穴は縦方向につながっています。使い方は決められていませんが、赤の列を電源に青の列をグランドに使うと便利です。

また、ジャンパワイヤ(**写真2-4**)は電子工作で使う線材です。両端がブレッドボードに挿せるようになっているものや、マイコンやセンサが挿せるように穴があいているものがあります。

ジャンパワイヤには写真左の柔らかいものと右の硬いものがあります。柔らかいものは実験中など頻繁に回路を変更するときに、線の抜き差しがしやすく便利です。簡単な回路の場合、

▽写真2-3：ブレッドボード

横方向につながっている

縦方向につながっている

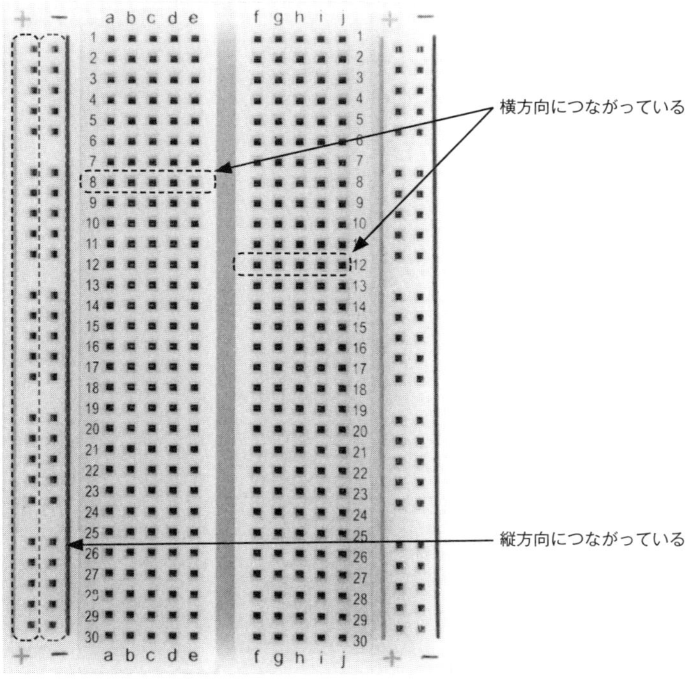

▽写真2-4：ジャンパワイヤ

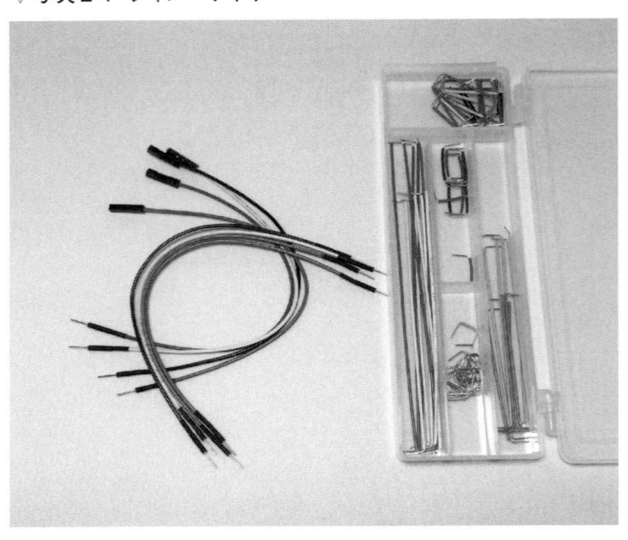

▽図2-9：ブレッドボードでつないだ電池、抵抗、LED

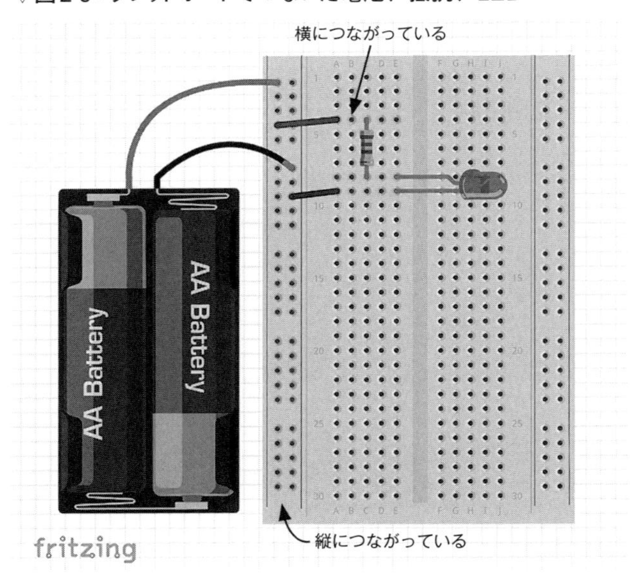

ブレッドボードを使わず、開発ボードやセンサモジュールを直接ジャンパワイヤでつないで回路を構成することもできます。硬いジャンパワイヤはブレッドボードに挿して使います。ある程度回路が決まってきて、半固定的に使いたい場合に便利です。

図2-9はブレッドボードを使って電池と抵抗、LEDをつないだもので、**図2-2**の回路図と同じものです。電池のプラスの線をブレッドボードの左端の縦方向につながった穴の赤い側に挿

し、ジャンパワイヤで横の穴につなぐと、抵抗までつながります。抵抗の反対側の端はブレッドボード経由でLEDのプラス側につながっています。LEDのマイナス側と同じ列をジャンパワイヤでブレッドボードの青い側につなぎ、同じ青い側を電池のマイナス側につなぐと回路がつながります。ブレッドボードとジャンパワイヤを使ってこのように部品同士をつなげることで、回路が構成できます。

マイコン

センサやモーターを制御したり、クラウドサービスと通信するために、マイコンを使います。電子工作に使うマイコンとしては、第1章で紹介したArduino UNO、Raspberry Pi 3、Raspberry Pi Zero、ESP8266/ESP32、micro:bitなどがポピュラーです。

簡単な電子工作ならArduino UNOやmicro:bitが便利です。Arduino UNOは電子工作用のマイコンとしての歴史も長く、入門書やWeb上の作例も数多くあります。ただし、搭載されているメモリが小さいため、少し複雑なプログラムになると動かないことがあります。また、micro:bitはBlock Editorというビジュアルなプログラム開発環境があり、簡単に使えるように作られています。

Raspberry Piも電子工作用のボードコンピュータとして有名です。CPUが強力でメモリも大きいので、画像処理や機械学習プログラムを動かすこともできます。Linux系のOSを搭載していて、強力ですが初期設定がやや複雑です。また消費電力が大きいのでACアダプターからの電源供給が必要です。

ESP8266／ESP32はWi-Fi機能が搭載され、センサとの接続方法も豊富で、乾電池でも動作するので、IoT端末に向いています。本書ではESP32が搭載されたスイッチサイエンス社の「ESPr Developer 32」という開発ボードを使います。この開発ボードはピンヘッダと呼ばれる足をつなぐことで、ブレッドボードに挿して使えます。ブレッドボード上にマイコンとセンサを挿してIoT端末が作れるので便利です。

ちなみに、開発ボードにピンヘッダをつなぐにははんだ付けが必要です。スイッチサイエンスや秋月電子通商といった電子部品の販売会社で扱われているマイコン開発ボードやセンサモジュールはピンヘッダをはんだ付けして使うものが多いようです。

「ESPr Developer 32」にはmicroBのUSBコネクタがついていて、USBケーブルでパソコンとつないでプログラム開発します。

プログラム開発環境

マイコンのプログラムを開発するために、エディタやコンパイラ、あるいはそれらをまとめた統合開発環境が必要になります。

Rabpberry PiはRaspbianというLinux系のOSが動き、Raspbian上でC/C++、Pythonなどの処理系が動きます。そのため、Raspberry Pi自身でプログラム開発できます。このような開発環境をセルフ開発環境といいます。

Arduino UNO、micro:bit、ESP8266/ESP32はパソコンなどでプログラムを開発し、実行形式のファイルをマイコンに転送して動かします。このような開発環境をクロス開発環境といいます。

マイコン用のプログラム開発環境としてはArduino IDEとMicroPythonが有名です。どちらも複数のマイコンを対象にしたプログラム開発ができる汎用の開発環境です。

Arduino IDEはプログラムを入力、編集するエディタ、プログラムを実行形式に変換するコンパイラ、センサなどにアクセスするためのライブラリを管理するライブラリマネージャ、マイコンボードを管理するボードマネージャの機能を持った統合開発環境です。Windows、macOS、LinuxなどのOSで動作します。開発対象のマイコンやボードを切り替えて開発でき、Arduino UNO、micro:bit、ESP8266/ESP32などに対応しています。

MicroPythonはPython 3系の処理系で、マイコンを制御するモジュールなどが用意されています。パソコンなどでエディタを使ってプログラムを開発し、ファイル転送ツールでプログラムをマイコンに転送して実行します。MicroPythonはmicro:bit、ESP8266/ESP32で動作します。Arduino UNOはメモリが足りず、動きません。

どちらの開発環境も無料で利用でき、Webサイトから必要なツールをダウンロードして使います。

センサとアクチュエータ

IoT端末ではアプリケーションに応じて、必要なセンサやアクチュエータを使います。本書ではセンサとして温度センサ、電流センサ、非接触温度センサを、アクチュエータとしてサーボモーターを使います。センサ、アクチュエータについては各章で説明します。

電源

マイコンやセンサなどの電子回路を動作させるには電源が必要です。マイコンは、たとえばESP8266やESP32であれば3.3V、Arduino UNOやRaspberry Pi 3であれば5Vというように、動作する電圧が決まっています。センサはものによりますが、1.8Vから3.3V、4Vから30Vといったように動作する電圧に幅があり、いろいろなマイコンと組み合わせて使えるものが多いです。

先述のとおりESP32は3.3Vの電源で動作します。ESP32を載せた「ESPr Developer 32」という開発ボードには安定化電源回路が搭載されていて、開発ボードは3.7Vから6.0Vの電源が必要です。安定化電源回路の出力の3.3Vは開発ボード上のESP32に供給されるとともに、「3V3」と書かれたピンから開発ボードの外にも出され、センサなどの電源として使えます。この開発ボードは開発中はパソコンとつないだUSBケーブルからの5Vの電源で動作します。開発が終わってIoT端末単体として動かすときは、5VのACアダプタや単3乾電池3本(約4.5V)などで動かすことができます。

電源とグランドを直接、あるいは非常に小さい値の抵抗でつなぐことをショートといいます。

▽写真2-5：開発に使った道具類

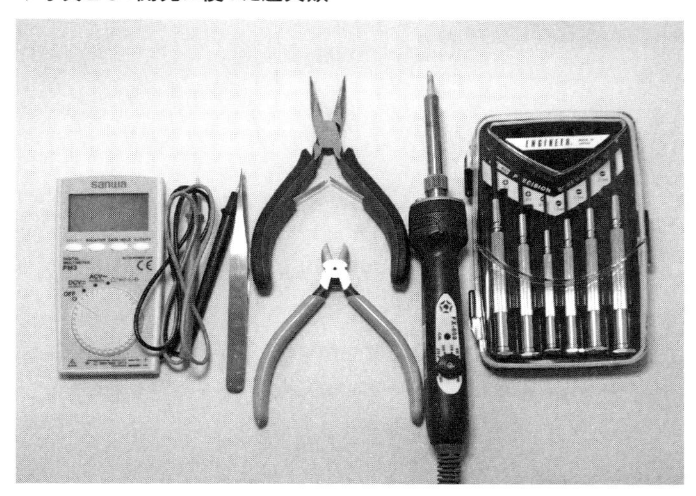

回路をショートさせると過大な電流が流れ、電子部品が壊れたり、回路のどこかが発熱、あるいは発火する危険性もあります。乾電池でもショートさせると煙が出たり発火しますので、扱いには注意してください。

道具・計測機器

マイコン開発ボードやセンサモジュールにピンヘッダをつなげるために、はんだゴテが必要です。温度調節のできるはんだゴテがあると便利です。はんだ付けの方法はWebサイトなどで動画で解説されたものがあるので、それを見て少し練習するとよいでしょう。

本書のIoT端末の開発では、はんだゴテ、ラジオペンチ、ニッパ、精密ドライバ、ピンセット、テスタを使いました(**写真2-5**)。

ラジオペンチは抵抗をブレッドボードに挿すために足を直角に曲げるときなどに便利です。ニッパは抵抗の足など細いものを切るときに使います。精密ドライバはサーボモーターのネジ止めなど、小さいネジを回すときに使います。ピンセットも細かな部品を掴むときに便利です。

開発ボードやセンサモジュールの表面には非常に細かい文字でピン番号などが印刷されています。細かい文字が見にくい方はルーペがあると便利です。

電子部品、道具類の購入

電子工作で使うマイコンやセンサなどの電子部品はスイッチサイエンス注1、秋月電子通商注2などの通販サイトで購入するのが便利です。これらの通販サイトは電子部品の購入ができるだけでなく、部品の主な仕様や、使い方、プログラム例などへのリンクといった情報が掲載されています。

図2-10はスイッチサイエンスの「温度センサIC LM61BIZ」のページです。ページ中央の部品名の下に、その部品が何であるかが書かれています。「LM61BIZ」であれば、「Texas Instruments社のアナログ温度センサ」であること、「温度に比例した電圧が出力される」ことが分かります。

その下の「特徴」のところにこの部品の主な仕様があります。「LM61BIZ」ではマイナス25℃から85℃まで測定できること、電源電圧が2.7Vから10Vで動作すること、出力電圧が1℃あたり10.0mVであることなどが分かります。

▽図2-10：スイッチサイエンスのWebサイト

注1） https://www.switch-science.com/

注2） http://akizukidenshi.com/

また、ページ左上の検索ボックスで「アナログ温度センサ」と検索すると、このサイトで扱っているアナログ温度センサが検索されるので、検索結果に出てくるアナログ温度センサの仕様を比較して、開発目的に合った部品を探します。個々の部品の選択方法はそれらの部品を使うところでも紹介します。

また、道具類はAmazonやモノタロウといった通販サイトで購入できます。

作って学ぶはじめての電子工作

電子回路の基本を理解し、必要な電子部品を揃えたら、電子工作の第一歩としてマイコンにLEDをつなぎ、プログラムで制御してLEDを点滅させてみます。LEDをチカチカと点滅させることから、「Lチカ」と呼ばれます。

開発環境の準備

Arduino IDEのインストール

まずはパソコンにArduino統合開発環境をインストールします。Windows 10にインストールする例を説明しますが、macOSでも同じような流れでインストールできます。

ブラウザでArduinoのWebサイト[注3]にアクセスし、ページ上部の「SOFTWARE」メニューから「DOWNLOADS」を選択します(**図2-11**)。

▽図2-11：ArduinoのWebサイト

注3) https://www.arduino.cc/

ダウンロードページで「Windows installer, for Windows XP and up」をクリックすると、寄付を促すページが現れます。寄付する場合は「CONTRIBUTE & DOWNLOAD」を、そうでなければ「JUST DOWNLOAD」をクリックします。ダウンロードフォルダーにarduino-1.8.9-windows.exeといった形式のインストーラがダウンロードされます。「1.8.9」の部分はバージョンによって変わります。最新バージョンをインストールするようにしましょう。

インストーラを起動し、画面に従って、ライセンス契約に同意します。いくつかのドライバのインストールを促されるので「インストール」を選択すると、しばらくしてインストールが完了します。

デスクトップにArduinoアイコンが作られるので、それをクリックしてArduino IDEを起動しましょう。

図2-12がArduino IDEの画面です。真ん中のエリアがプログラム（Arduinoではスケッチと呼びます）を書くエディタ領域です。その下にビルドやダウンロードしたときの結果が表示されるエリアがあります。ビルドというのはプログラムをマイコンが実行できる形式（実行形式といいます）に翻訳することです。左上にはプログラムをビルドだけするボタンと、ビルドしてダウンロードするボタンが、右上にはプログラムからの出力が表示されるシリアルモニタを起動するボタンがあります。

ESP32ボード情報の設定

Arduino IDEはさまざまなマイコンボードのプログラムが開発できる汎用の開発環境です。プログラムをビルドするときにはボードを指定します。ダウンロードした直後のArduino IDEにはESP32の情報が登録されていないので、情報を追加します。

▽図2-12：Arduino IDE

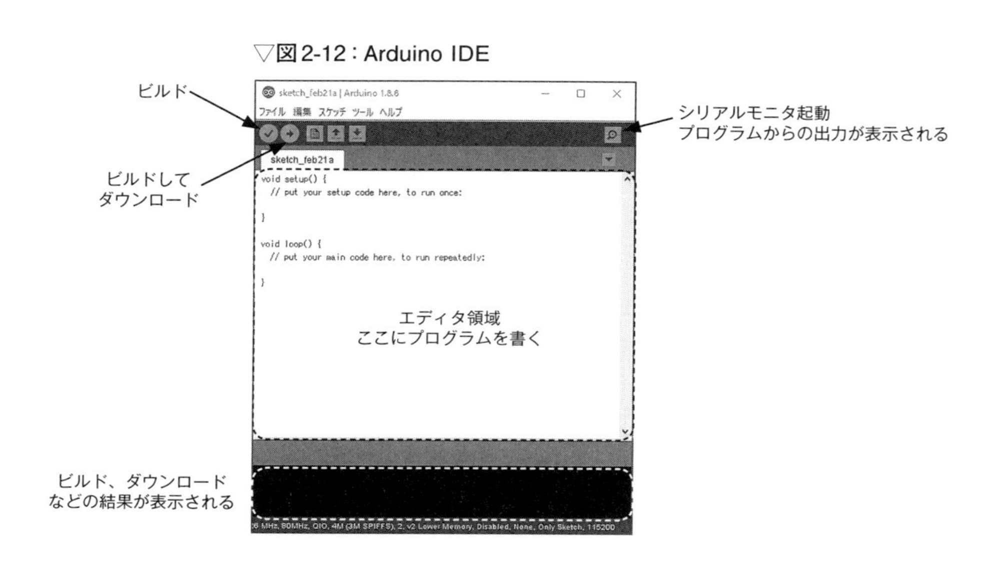

▽図2-13：環境設定

Arduino IDEの「ファイル」メニューの「環境設定」のをクリックすると、**図2-13**のような環境設定画面が現れます。「追加のボードマネージャのURL」欄に`https://dl.espressif.com/dl/package_esp32_index.json`というURLを入力し、「OK」を押します。

次にArduino IDEの「ツール」メニューの「ボード: Arduino/Genuino UNO」の先にある「ボードマネージャ」を選択すると、ボードマネージャが立ち上がります。ボードマネージャの検索窓に「esp32」と入力すると、「esp32 by Espressif Systems」というパッケージが現れます(**図2-14**)。バージョン番号をクリックすると、インストールできるバージョンのリストが現れるので、最新のバージョンをインストールします。「-beta●」「-rc●」(いずれも●は数字)というバージョンが表示される場合がありますが、マイナーリリースで不安定な場合があるので、避けたほうが無難です。

▽図2-14：ボードマネージャ

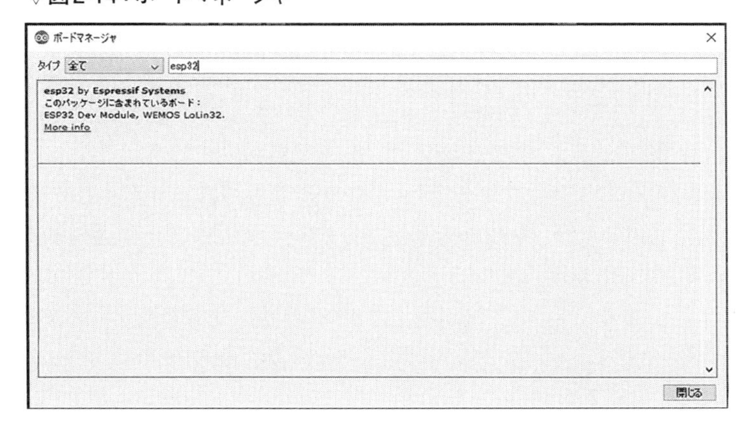

▽図2-15：パラメータ

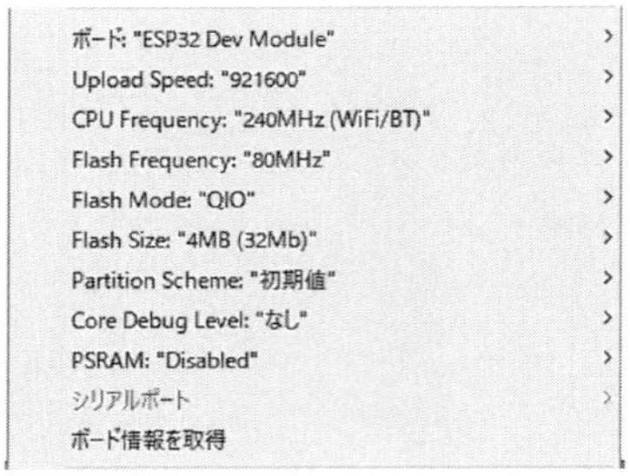

ボード: "ESP32 Dev Module"
Upload Speed: "921600"
CPU Frequency: "240MHz (WiFi/BT)"
Flash Frequency: "80MHz"
Flash Mode: "QIO"
Flash Size: "4MB (32Mb)"
Partition Scheme: "初期値"
Core Debug Level: "なし"
PSRAM: "Disabled"
シリアルポート
ボード情報を取得

ボードマネージャを閉じて、Arduino IDEの「ツール」メニューの「ボード: Arduino/Genuino UNO」の先を見ると、「ESP32 Dev Module」が追加されているので、それを選択します。

「ツール」メニューのボードの下のパラメータを**図2-15**のように指定します。

「Upload Speed」はArduino IDEから実行形式のファイルをマイコンボードに書き込むときの速度を指定します。高速なものを選べば書き込み時間が短くてすみます。プログラムの開発中はプログラムを手直しして何回もビルド、書き込み、実行を繰り返すことになるので、なるべく速い速度を選んだほうがストレスが少なくなります。「ESPr Developer 32」であれば最高速度の921,600bpsで書き込むことができます。書き込みエラーが出る場合は少し遅い速度を選択してください。

「CPU Frequency」はCPUの動作周波数です。最高速度の240MHzを選びます。

「Flash Frequency」「Flash Mode」「Flash Size」はそれぞれフラッシュメモリの周波数、モード、メモリサイズの設定です。「ESPr Developer 32」の場合、**図2-15**と同じように設定します。

「Partition Scheme」はプログラムを動かすときのメモリの使い方を、「Core Debug Level」はArduino Coreからのデバッグメッセージの制御を、「PSRAM」はPSRAMを使うかどうかを設定します。これも**図2-15**と同じように設定します。

これでESP32用のArduino IDEの環境設定は完了です。

他のボード情報の設定

Arduino IDEはさまざまなマイコンボードのプログラムが開発できます。前の節ではESP32のボード情報を設定しましたが、ESP32に加えてESP8266の開発もおこなう場合は、次のようにします。

まず、Arduino IDEの「ファイル」メニューの「環境設定」の「追加のボードマネージャのURL」欄に、カンマ「,」で区切って`http://arduino.esp8266.com/stable/package_esp8266com_index.json`というURLを追加します。

次にボードマネージャを立ち上げ、「esp8266」で検索し、検索結果の「esp8266 by ESP8266 Community」の最新バージョンをインストールします。これでESP8266のボード情報がArduino IDEに追加されます。

▽図2-16：ESP8266のパラメータ

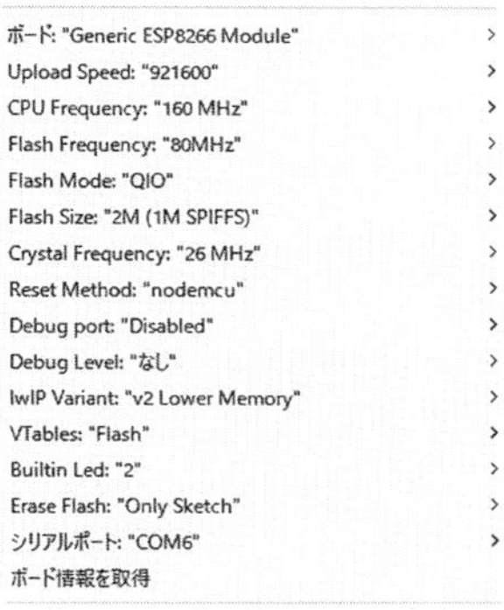

ボード: "Generic ESP8266 Module"
Upload Speed: "921600"
CPU Frequency: "160 MHz"
Flash Frequency: "80MHz"
Flash Mode: "QIO"
Flash Size: "2M (1M SPIFFS)"
Crystal Frequency: "26 MHz"
Reset Method: "nodemcu"
Debug port: "Disabled"
Debug Level: "なし"
lwIP Variant: "v2 Lower Memory"
VTables: "Flash"
Builtin Led: "2"
Erase Flash: "Only Sketch"
シリアルポート: "COM6"
ボード情報を取得

続いて「ツール」メニューのボードの行で「Generic ESP8266 Module」を選択し、ボード行の下のパラメータを**図2-16**のように設定します。これはESP8266を搭載したスイッチサイエンス社の「ESPr Developer」の例です。ESP32と違うところを説明すると、「Flash Size」は2M(1M SPIFFS)を、「Crystal Frequency」は水晶発振器の周波数で26MHzを設定します。「Reset Method」は開発ボードのリセット方法で、nodemcuを設定します。

Arduino IDEは開発ボードをパソコンにつないでもボード種類を自動判別してくれません。複数種類のボードのプログラムを開発する場合は、「ツール」メニューでビルドする対象のボードに切り替えてからビルドします。ビルドした際にエラーが出た場合、「ツール」メニューで選択しているボードが開発しようとしているボードと合っているかを確認してください。

マイコンとLEDの接続

さて、いよいよブレッドボードの上でマイコン(ESP32開発ボード)とLEDをつなぎます。

マイコンとLEDは**図2-17**の実体配線図ようにつなぎます。まず、ESP32開発ボードの「25」と書いてあるピンと抵抗をジャンパワイヤでつなぎます。抵抗の反対側はブレッドボードでLEDのプラス側とつながっています。そしてLEDのマイナス側とESP32開発ボードの「GND」と書いてあるピンをジャンパワイヤでつなぐと回路ができあがります。

同じものを回路図で表したものが**図2-18**です。ESP32開発ボードの「25」と書かれたピンが抵抗を介してLEDにつながれ、マイコンが電池の代わりにLEDを光らせるのではないかと想像できます。なお、最近の規格では抵抗を長方形で表すことになっています。

この後に説明しますが、ESP32の25番ピンは3.3Vを出力します。LEDは20mA程度の電流を流したいので、必要な抵抗は165Ωになります。抵抗を豊富に扱っている秋月電子通商のサイトで調べると、165Ωの抵抗は扱われていないので、165Ω以上の適当な抵抗を選びます。ここでは220Ωの抵抗を選びました。LEDに流れる電流は15mAになりますが、問題ありません。

抵抗を見ると、**図2-19**のように4本、または5本の色が印刷されています。カラーコードといって、色で抵抗の値を表しています。たとえば赤・赤・茶・金と印刷されていたら、22×10^1

▽図2-17：Lチカの実体配線図

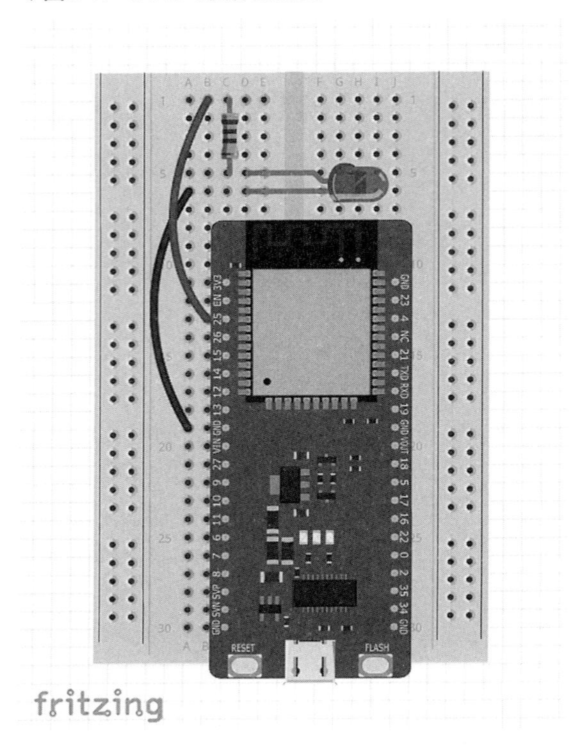

▽図2-18：Lチカの回路図

ESPr_Developer_32

3V3	GND
EN	IO23
IO25	IO4
IO26	NC
IO15	IO21
IO14	TXD0
IO12	RXD0
IO13	IO19
GND	GND
VIN	VOUT
IO27	IO18
SD2(IO9)	IO5
SD3(IO10)	IO17
CMD(IO11)	IO16
CLK(IO6)	IO22
SD0(IO7)	IO0
SD1(IO8)	IO2
SENSOR_VP	IO35
SENSOR_VN	IO34
GND	GND

220
LED
GND
GND

▽図2-19：抵抗のカラーコード

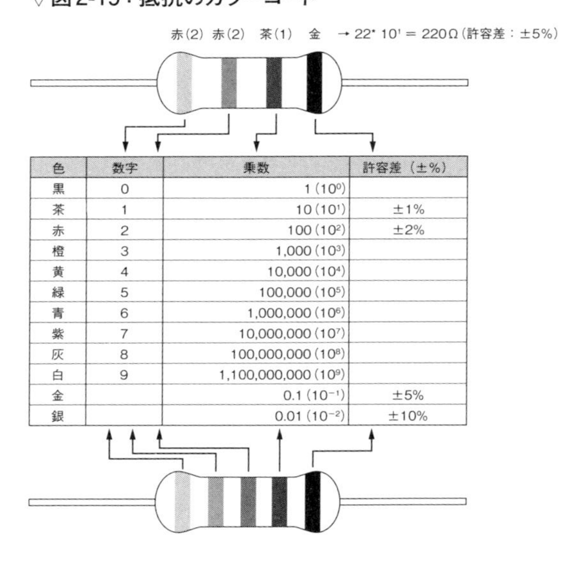

色	数字	乗数	許容差（±%）
黒	0	1 (10^0)	
茶	1	10 (10^1)	±1%
赤	2	100 (10^2)	±2%
橙	3	1,000 (10^3)	
黄	4	10,000 (10^4)	
緑	5	100,000 (10^5)	
青	6	1,000,000 (10^6)	
紫	7	10,000,000 (10^7)	
灰	8	100,000,000 (10^8)	
白	9	1,100,000,000 (10^9)	
金		0.1 (10^{-1})	±5%
銀		0.01 (10^{-2})	±10%

＝220Ωで、許容差が±5％の抵抗を示しています。

本書では抵抗とLEDを使っていますが、抵抗がLEDの中に取り込まれた「抵抗入りLED」という便利な部品もあります。ただし、抵抗なしのLEDと抵抗入りLEDは見た目の区別がつかないので、両方買って混ぜてしまわないように注意してください。

プログラムの入力、ビルド、実行

Arduino IDEを立ち上げ、エディタ領域に次の**プログラム2-1**を入力してください。文字はすべて半角で入力します。空白も半角で入力してください。

プログラムの解説は後回しにして、入力したプログラムをビルドして、実行してみます。

Arduino IDE上部、左から2番めの「ビルドしてダウンロード」するボタンをクリックすると、「スケッチのフォルダの保存先」を聞かれます。最初は標準のまま「保存」してください。すると、ビルドが始まります。エディタ領域の下に途中経過が表示され、しばらくすると、ビルドが完了し、プログラムがマイコンに転送され、LEDがチカチカと点滅するのが確認できるでしょう（**写真2-6**）。Arduino IDEには「Hard resetting via RTS pin...」と表示されているはずです。はじ

▽プログラム2-1：Lchika.ino

```
void setup() {
    pinMode(25, OUTPUT);
}

void loop() {
    digitalWrite(25, HIGH);
    delay(500);
    digitalWrite(25, LOW);
    delay(500);
}
```

▽写真2-6：Lチカ!

めての電子工作の完成です！

上手くいかなければ、配線やLEDの向き、プログラムを再確認してください。

プログラムの解説

ではプログラムを見ていきます。Arduinoプログラムは、**プログラム2-2**のような構造になっています。

setupとloopという2つの関数があります。setup関数は最初に1回だけ実行されます。マイコンやセンサの初期設定など、最初に1回実行すればよい処理を書きます。loop関数は繰り返し実行されます。センサを読んで計算するような、繰り返し実行する処理を書きます。

//から右側はコメントです。プログラムの説明やメモなどを書きます。実行はされません。コメントの中ではかなや漢字など全角文字も使えます。

次に、プログラムで使っているArduinoの関数を説明します。まずはpinMode関数です。

Arduino関数

関数名

```
pinMode(pin, mode);
```

説明

ピンの動作モードを設定する

パラメータ

pin: ピン番号

mode: INPUT、OUTPUT、INPUT_PULLUP

戻り値

なし

例

```
pinMode(25, OUTPUT);
```

▽プログラム2-2：Arduinoプログラムの構造

```
void setup() {  // setup関数は最初に1回だけ実行される
    // さまざまな初期設定を書く
}

void loop() {  // loop関数は繰り返し実行される
    // センサを読んで、計算して、出力するような処理を書く
}
```

pinMode関数はマイコンのpinで示されるピンをどのように使うのかを設定します。動作モードは入力モード(INPUT)、出力モード(OUTPUT)、プルアップモード(INPUT_PULLUP)のいずれかです。マイコンのピンをセンサなどからの信号を受けるようにするときは入力モード(INPUT)に設定します。LEDやサーボモーターを制御するときは出力モード(OUTPUT)に設定します。プルアップモードについてはあとで説明します。

次はdigitalWrite関数です。

Arduino関数

関数名

```
digitalWrite(pin, value);
```

説明

ピンの出力をHIGH(3.3V)かLOW(0V)にする

パラメータ

pin: ピン番号

value: HIGH、LOW

戻り値

なし

例

```
digitalWrite(25, HIGH);
```

digitalWrite関数ではpinで示されるピンの出力をHIGHかLOWに設定します。HIGHにするとピンに電源と同じ電圧が出力されます。ESP32では3.3Vが出力されます。一方、LOWを指定するとグランドと同じ電圧、つまり0Vになります。**プログラム2-1**では25番ピンをHIGHにすることで3.3Vが出力され、抵抗とLEDに3.3Vの電池をつないだのと同じように電流が流れ、LEDが光ります。LOWにすると25番ピンは0Vになり、電流は流れず、LEDは光りません。

ちなみにArduino UNOは電源が5Vなので、digitalWrite(pin, HIGH)という文を実行すると3.3Vではなく5Vが出力されます。

続いては、プログラムの実行を遅らせるdelay関数です。

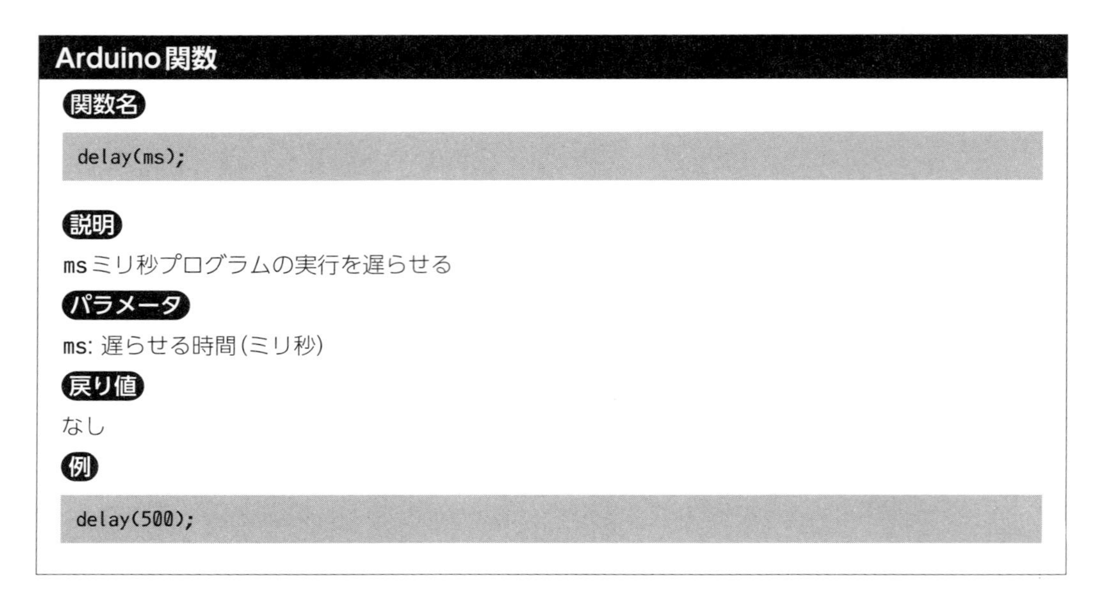

Arduino関数

関数名

```
delay(ms);
```

説明

msミリ秒プログラムの実行を遅らせる

パラメータ

ms: 遅らせる時間(ミリ秒)

戻り値

なし

例

```
delay(500);
```

プログラム2-1では**digitalWrite(25, HIGH)**で25番ピンを3.3VにしてLEDを光らせ、500ミリ秒、つまり0.5秒待ち、**digitalWrite(25, LOW)**で25番ピンを0VにしてLEDを消して0.5秒待ち、**loop**関数を終わります。**loop**関数は繰り返し実行されるので、またLEDが0.5秒光り、0.5秒消えるという処理が繰り返されます。

もう一度、プログラム全体を見てみましょう(**プログラム2-3**)。今度はプログラムにコメントをつけます。

setup関数で初期設定としてピンのモードを設定し、**loop**関数で0.5秒ごとにLEDを点けたり消したりしています。**loop**関数に書くことでそれが繰り返し実行され、LEDの点滅が繰り返されます。

最初の行の**#define**はLEDという文字を25と定義しています。プログラム中に直接25という数字を書いた場合に比べて、意味が明確になりますし、LEDをつなぐピンを別のピンに変更

▽**プログラム2-3：Lchika.ino(コメント付き)**

```
#define LED 25  // LEDという文字列を25と定義する

void setup() {  // 最初に1回だけ実行される
    pinMode(LED, OUTPUT);  // LEDピンのモードを出力モードにする
}

void loop() {  // 繰り返し実行される
    digitalWrite(LED, HIGH);  // LEDピンをHIGH(3.3V)にする
    delay(500);               // 0.5秒待つ
    digitalWrite(LED, LOW);   // LEDピンをLOW(0V)にする
    delay(500);               // 0.5秒待つ
}
```

した場合に`#define`の行だけの変更で対応でき、間違いが少なくなります。

Arduino IDEではプログラムファイルはパソコンのスケッチフォルダに置かれます。スケッチフォルダの場所はArduino IDEの「ファイル」メニューの「環境設定」で確認できますが、Windowsの場合、標準では「C:\Users\<アカウント名>\Documents\Arduino」です。

プログラムは「プログラム名\プログラム名.ino」というファイル名で保存されます。標準のプログラム名は「sketch_mar07a」のように「sketch_月日a」という形式になります。「a」の部分は同じ日に別のプログラムを作ると「b」「c」と割り振られていきます。このままだとあとで何のプログラムか分からなくなるので、プログラムを保存するときに、「ファイル」メニューの「名前を付けて保存」で適当な名前、たとえば上のプログラムの場合「Lchika」といった名前を付けて保存するといいでしょう。

あとでArduino IDEを立ち上げたときは、「ファイル」メニューの「スケッチブック」の先に自分の付けたプログラム名があらわれるので、それを選択すると、プログラムを開けます（**図2-20**）。

なお、Arduino関数の説明は**https://www.arduino.cc/reference/en/**にあります（**図2-21**）。日本語版もありますが、本書の執筆時点では一部の関数の説明しか翻訳されていないようです。

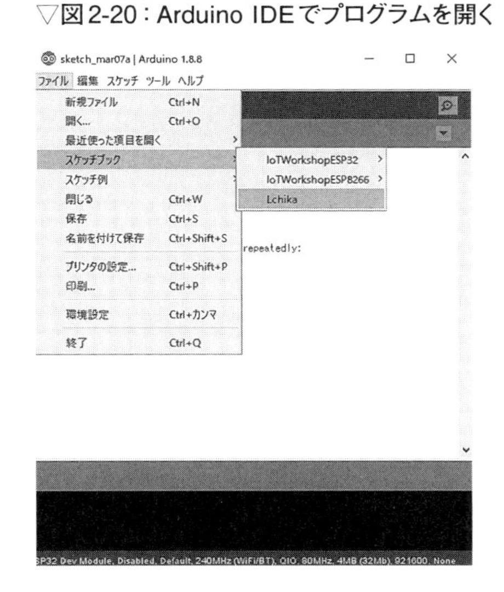

▽図2-20：Arduino IDEでプログラムを開く

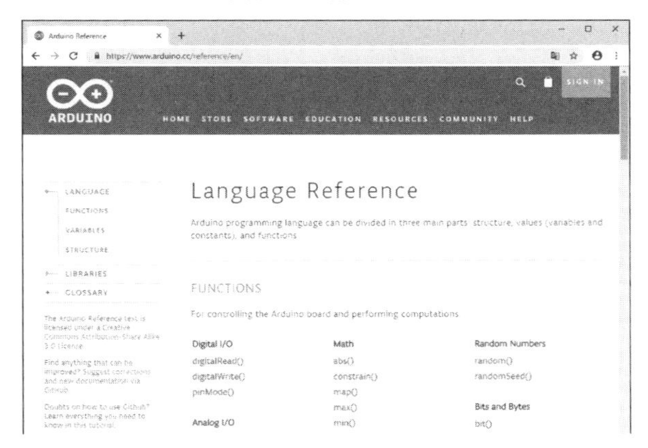

▽図2-21：Arduino関数の説明ページ

まとめ

第2章では最初に回路図や実体配線図の見方、開発に必要になる電子部品やその入手方法を学び、次にパソコンにArduino開発環境を設定して、初めての電子工作としてマイコンでLEDを点滅させせました。簡単な回路の制御ですが、マイコンのプログラム開発の流れが理解できたと思います。

第3章ではいよいよマイコンにセンサを接続して、現実世界の状態をデータ化し、さらにそのデータをクラウドサービスに送信して可視化します。シンプルな構成のセンサ端末を作りネットワークにつなげ、クラウドサービスにデータを集めるというIoTシステムの基本形に取り組みます。

第3章

温度・湿度を可視化する

―― 簡単なセンサデータをクラウドに送ってみよう

第2章では電子工作の第一歩としてマイコンでLEDを点滅させせることを通じて、電子工作の基礎とマイコンのプログラム開発の流れを見ました。

第3章ではアナログセンサとデジタルセンサの概要を学んだうえで、いよいよ実際にマイコンにセンサを接続し、温度など現実世界の状態をデータ化します。さらにそのセンサデータをクラウドサービスに送り、可視化します。センサ端末、ネットワーク、クラウドサービスが揃ったシンプルなIoTシステムを実現しましょう。

センサについてもっと知る

センサは温度、明るさ、音、揺れなど現実世界の状態を測り、電気信号に変換します。**写真3-1**はいろいろなセンサで、左から温度センサ、音センサ、温湿度センサ、距離センサ、非接触温度センサ、加速度センサです。これらのセンサは電子工作で扱いやすいように小さな基板に載っているものが多いですが、センサ自体の形はさまざまです。

形以外の特徴として、センサは温度、音などを電気信号に変換したときに、それを電圧などの連続データ（アナログデータ）で出力するアナログセンサと、0と1のデジタルデータで出力するデジタルセンサがあります（**図3-1**）。**写真3-1**では左の温度センサと音センサがアナログセンサ、あとはデジタルセンサです。

コンピュータの内部ではデータは0と1を組み合わせたデジタルデータで扱います（**図3-2**）。たとえば20mVという電圧は20という数値データ、2進数では00010100というデータとして扱

▽**写真3-1：いろいろなセンサ**

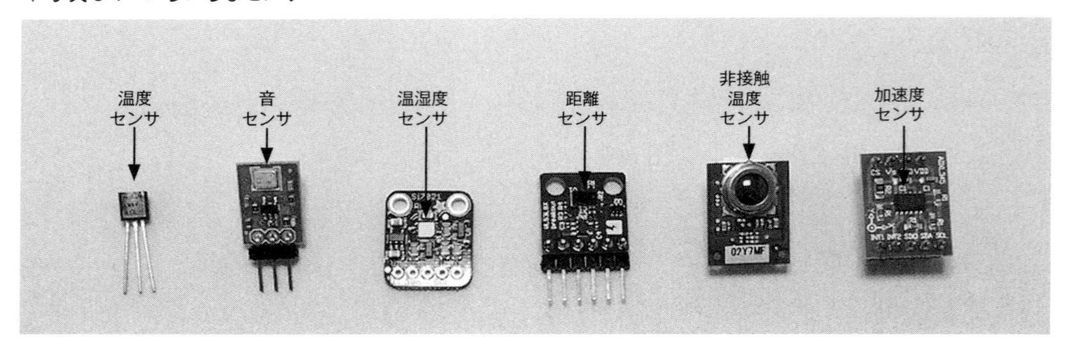

▽**図3-1：アナログセンサとデジタルセンサ**

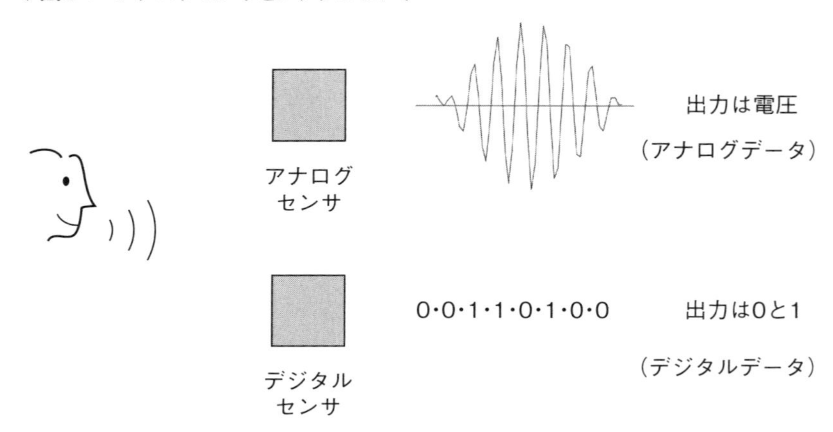

▽図3-2：アナログセンサとデジタルセンサのデータの取り込み

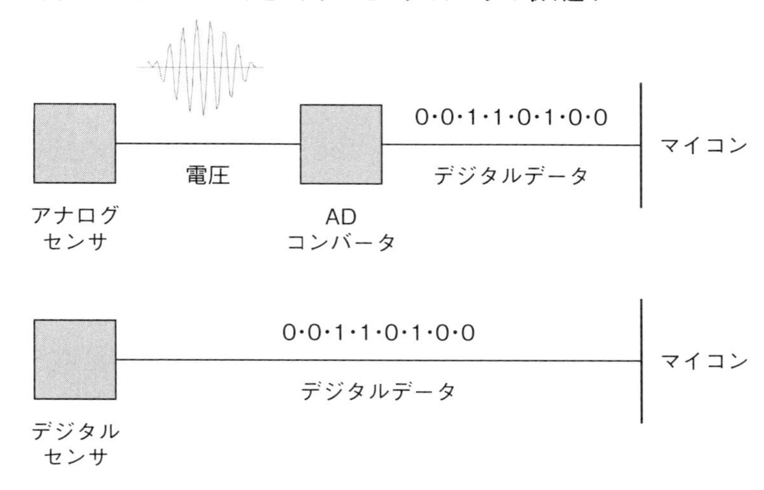

います。

アナログセンサの出力は電圧などのアナログデータなので、コンピュータで扱うためには電圧値をデジタルデータに変換するアナログ・デジタル変換器(ADコンバータ)が必要になります。ADコンバータは電圧をデジタルデータに変換するICで、たとえば入力の電圧を0Vのときに0、1Vのときに310といった数値に変換し、さらにそれを2進数、0なら00000000、310なら100110110にします。ADコンバータは2進数で表されたデータを、あとで説明するI^2CやSPIといった通信方法でマイコンに送ります。

デジタルセンサの出力はデジタルデータなので直接マイコンにつなぐことができ、I^2C通信やSPI通信でデータを送ります。

電圧値で出力する「アナログセンサ」

アナログセンサは温度、明るさ、音などを電圧に変換して出力します。たとえばあるアナログ温度センサは周囲の温度が10℃のときに10mVを、20℃のときに20mVの電圧を出力します。出力された電圧をADコンバータでデジタルデータに変換します。

ESP32などのマイコンはADコンバータを内蔵しているので、センサの出力電圧がマイコンの定格の範囲内であれば、センサの出力を直接マイコンのピンにつなぎ、内蔵ADコンバータでデジタルデータに変換できます(**図3-3**)。

マイコンの内蔵ADコンバータは数が限られているので、それ以上の数のセンサを扱いたい場合は独立したADコンバータを使います。

内蔵であれ外付けのものであれ、ADコンバータにはビット数で表される分解能があります。たとえばESP32に内蔵されるADコンバータは、デフォルトでは0から3.3Vの電圧が入力でき、それを12ビット、つまり0から4095までのデータに変換します。このように分解能が12ビッ

▽図3-3：アナログセンサとマイコンの接続

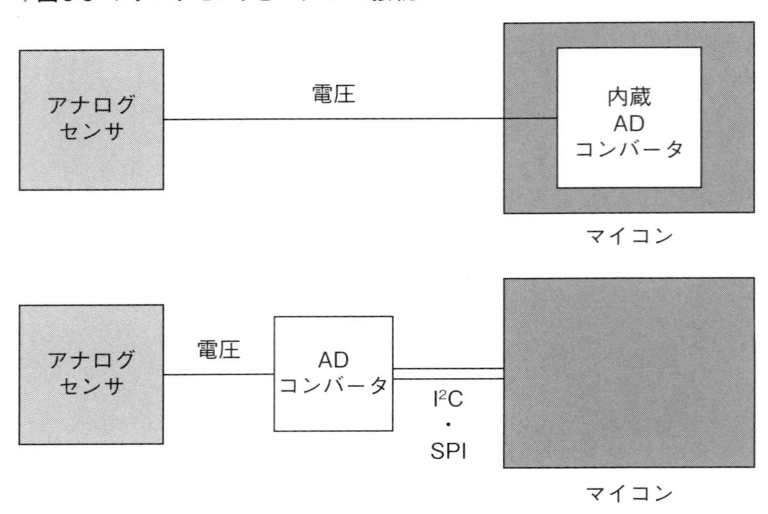

トであるため、「12ビットのADコンバータ」といいます。値1が0.81mVに相当します。

写真3-2はADコンバータの例で、10ビット4チャネルのADコンバータMCP3004です。入力された電圧を0～1023までのデータに変換します。2.7Vから5.5Vの電源電圧で使うことができ、3.3Vで使った場合、値1が3.2mVに相当します。

▽写真3-2：ADコンバータ

数値で出力する「デジタルセンサ」

デジタルセンサはADコンバータと、マイコンとの通信回路、それらを制御する専用マイコンを内蔵していて、デジタルデータを出力します。アナログセンサが1種類のセンサ値に対応する電圧を出力するだけだったのに対し、温度、湿度、気圧など複数種類の値を測定し、出力するものもあります。

また、デジタルセンサはマイコンとの間で双方向にコマンドやデータのやり取りをして、マイコンからコマンドを送って動作モードを設定したり、データを読み出したりします。マイコンとの通信にはI^2C通信、SPI通信、シリアル通信といった方法が使われます。

I^2C通信

I^2CはInter-Integrated Circuitの略で、マイコンとセンサなどの通信方式です。アイ・スクエアド・シー、あるいはアイ・ツー・シーと読みます。

I^2C通信ではコマンドを発行して通信を主導する方をマスタデバイス、コマンドに応答する方をスレーブデバイスと呼びます。マイコンとセンサをつなぐ場合、マイコンがマスタデバイス、センサがスレーブデバイスになります(**図3-4**)。

マスタデバイスとスレーブデバイスの間はシリアルデータ(SDA)とシリアルクロック(SCL)と呼ばれる2本の双方向の信号線でつながれます(**図3-5**)。I^2C通信は**図3-5**のように複数のスレーブデバイスをつなぐことができます。複数あるスレーブデバイスのどれと通信するかを選ぶために、スレーブデバイスにはアドレスが割り振られています。

▽図3-4：I²C通信

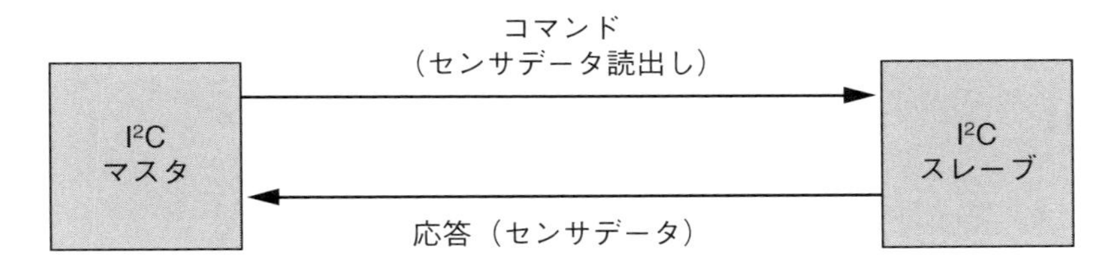

▽図3-5：I²C接続

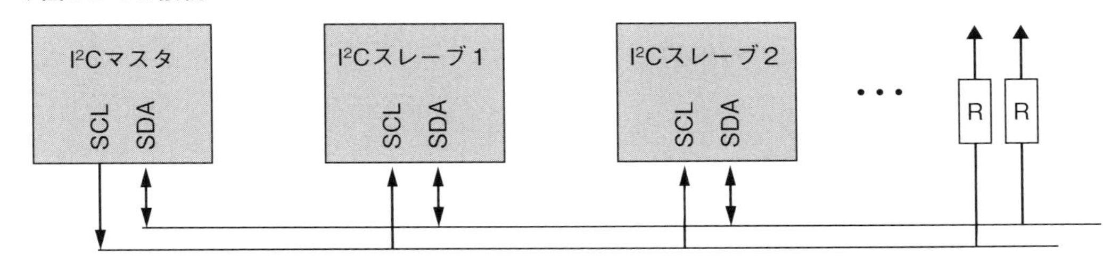

図3-5でSDAとSCLについている抵抗はプルアップ抵抗と呼ばれるものです。マスタデバイス、スレーブデバイス、どちらも出力しないときに信号線の値が不確定になるのを防ぐために必要です。センサモジュールではモジュール内にプルアップ抵抗を搭載しているものもあります。Arduinoではプログラムでプルアップ抵抗を設定することもできます。

標準的な通信速度は100kbpsで、その他に10kbps、400kbps、3.4Mbpsのモードがあります。

SPI通信

SPIはSerial Peripheral Interfaceの略で、マイコンとセンサなどの通信方式です。SPI通信もマスタデバイスとスレーブデバイスがコマンドとデータをやり取りします。

SPI通信では単方向のMISO(Master In, Slave Out)、MOSI(Master Out, Slave In)とシリアルクロック(SCK)と呼ばれる3本の信号線を使います。SPIも複数のスレーブデバイスをつなげられます(**図3-6**)。SPIでは複数あるスレーブデバイスを選ぶために、SS(Slave Select)という個別の信号線を使います。**図3-6**の抵抗もプルアップ抵抗です。

SPI通信は15Mbpsの高速な通信が可能ですが、スレーブデバイスが増えてくるとSS線がスレーブデバイスの数だけ必要になり、回路が複雑になります。

センサによってI^2Cで通信できるもの、SPIで通信できるもの、どちらでも通信できるものがあります。カメラモジュールなどでは、高速でやり取りする画像データの通信はSPI、カメラの制御はI^2Cと、両方使うものもあります。

▽図3-6：SPI接続

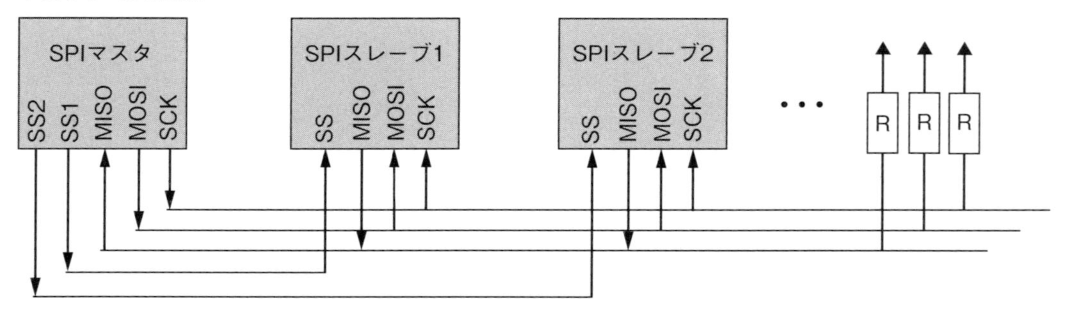

▽図3-7：シリアル通信

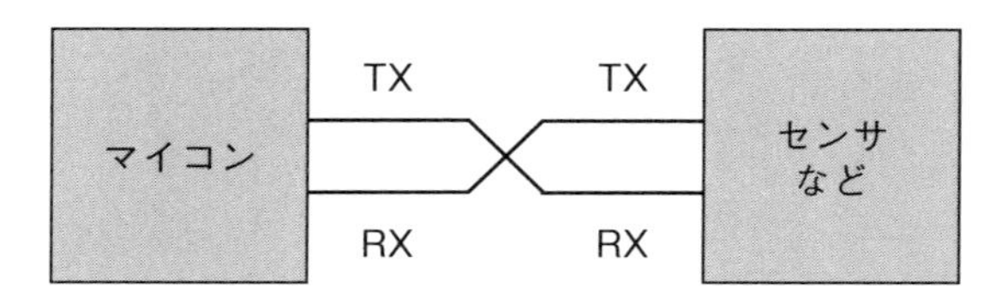

シリアル通信

シリアル通信は端末とコンピュータをつなぐ通信方式ですが、マイコンとセンサの通信にも使われます(**図3-7**)。

送信線TXと受信線RXの2本の信号線を使い、一方の送信線TXを通信相手の受信線RXに接続します。1対1の通信になるので、I²C通信やSPI通信のように複数のスレーブデバイスをつなぐことはできません。シリアル通信をおこなう通信モジュールはUART(Universal Asynchronous Receiver/Transmitter)と呼ばれます。

アナログセンサで温度を測る

具体的な第一歩として、マイコンにアナログ温度センサをつないだセンサ端末を作り、プログラムでセンサにアクセスして周囲の温度を読んでみましょう。本節では、マイコンにアナログ温度センサをつなぎ、センサデータを読み、データから温度を計算し、モニタに出力するプログラムを開発します。

まず温度センサを探します。電子部品通販のスイッチサイエンス[注1]のWebサイトで「アナログ温度センサ」と検索すると、LM35DZ、LM61BIZ、BD1020HFVといったセンサが見つかります。各センサのページ(**図3-8**)には仕様が書かれています。

▽図3-8：LM61BIZの仕様

注1) https://www.switch-science.com/

▽表3-1：アナログ温度センサの仕様

	LM35DZ	LM61BIZ	BD1020HFV
メーカー	Texas Instruments	Texas Instruments	ローム
動作温度範囲	0〜+100℃	-25〜+85℃	-30〜+100℃
動作電圧	4〜30V	2.7〜10V	2.4〜5.5V
出力電圧	10.0mV/℃	10.0mV/℃	-8.2mV/℃
精度	±0.75℃（室内では±0.25℃）	±3℃（室内では±2℃）	±1℃

▽写真3-3：LM61BIZ

この3つのセンサの仕様を比べると、**表3-1**のようになります。

LM35DZは0℃から100℃まで測れて、精度が±0.75℃、室温では±0.25℃、動作電圧が4Vから30Vです。LM61BIZはマイナス25℃から85℃まで測れて、精度が±3℃、室温では±2℃、動作電圧が2.7Vから10Vです。BD1020HFVはマイナス30℃から100℃まで測れて、精度が±1℃、出力が温度に逆比例して出力されます。

精度の高い測定をするならLM35DZ、マイナスの温度まで測るならLM61BIZやBD1020HFVがよさそうです。今回は気温を測ることを想定し、マイナスの温度も測れるLM61BIZを選びます。

LM61BIZは**写真3-3**のようにトランジスタのような3本のピンがあり、+Vsピンを2.7〜10Vの電源に、GNDピンをグランドに接続すると、*V*outピンに周囲の温度に応じた電圧が出力されます。0℃のときの出力が0.6Vで、1℃あたり10mV（0.01V）なので、温度をt（℃）、電圧をV_{out}（V）とすると、周囲の温度とV_{out}に出力される電圧は次の関係です。たとえば周囲の温度が20℃のとき、出力は0.8Vになります。

$$t = (V_{out} - 0.6) \div 0.01$$

ESP32にアナログ温度センサを接続する

ESP32にアナログ温度センサLM61BIZをつなぎます。**図3-9**のように、ESP32の25番ピンを入力モードにして使い、ジャンパワイヤを使ってLM61BIZの真ん中のVoutピンとつなぎましょう。LM61BIZの+VsピンはESP32の3V3と、LM61BIZのGNDピンはESP32のGNDとそれぞれつなぎます。回路図は**図3-10**のようになります。

▽図3-9：ESP32とLM61BIZを接続する

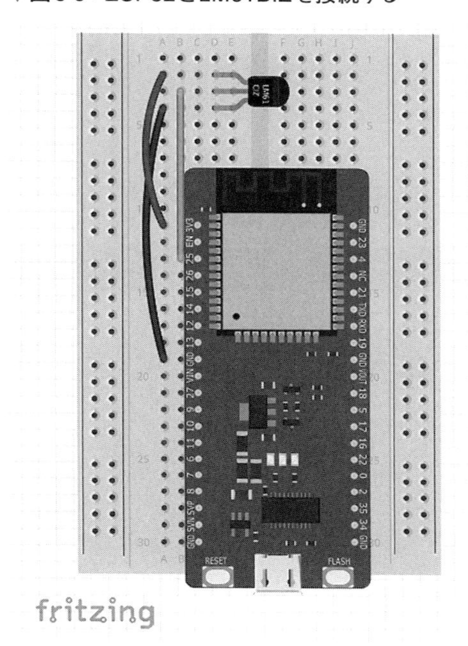

▽図3-10：ESP32とLM61BIZの回路図

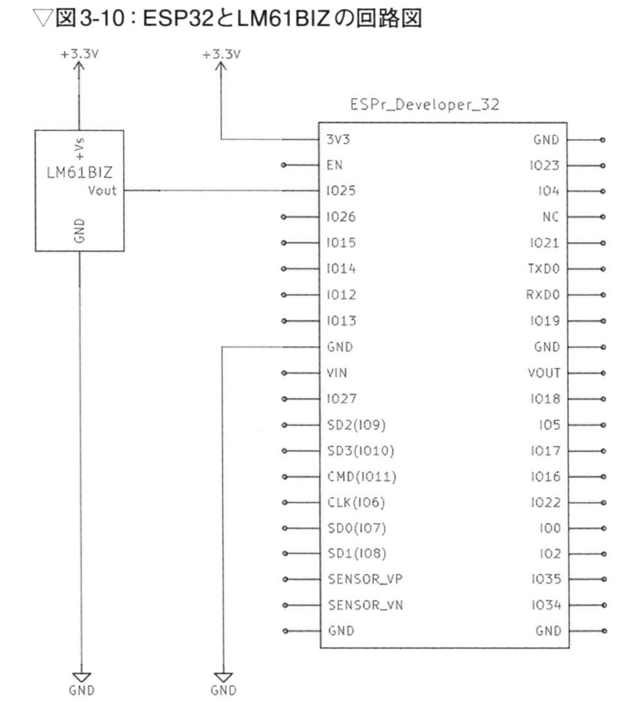

アナログ温度センサへのアクセス

続いて、アナログ温度センサにアクセスして電圧を読み取り、それをシリアル回線に出力してみましょう。アナログ温度センサが出力する電圧値を読むには、analogRead関数を使います。analogReadでピン番号を指定すると、その番号のピンに加えられた電圧をデータとして読みます。デフォルトでは 電圧が0Vのときに値0が、3.3Vのときに値4095が返ります。

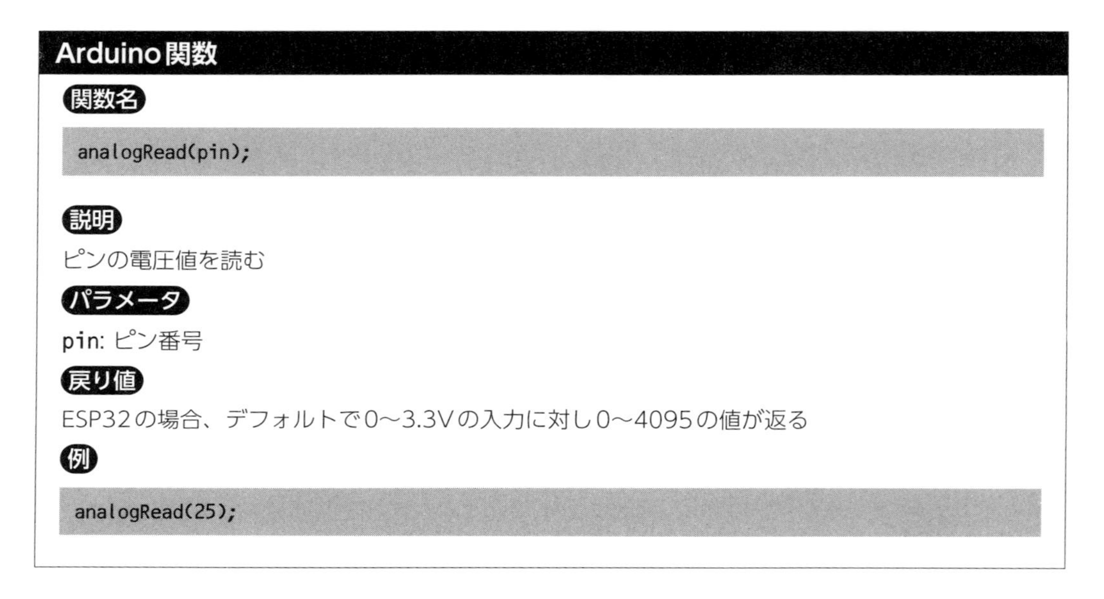

Arduino関数

関数名

```
analogRead(pin);
```

説明

ピンの電圧値を読む

パラメータ

pin: ピン番号

戻り値

ESP32の場合、デフォルトで0〜3.3Vの入力に対し0〜4095の値が返る

例

```
analogRead(25);
```

Arduinoで文字を出力するには、Serialライブラリを使います。次のような関数があります。

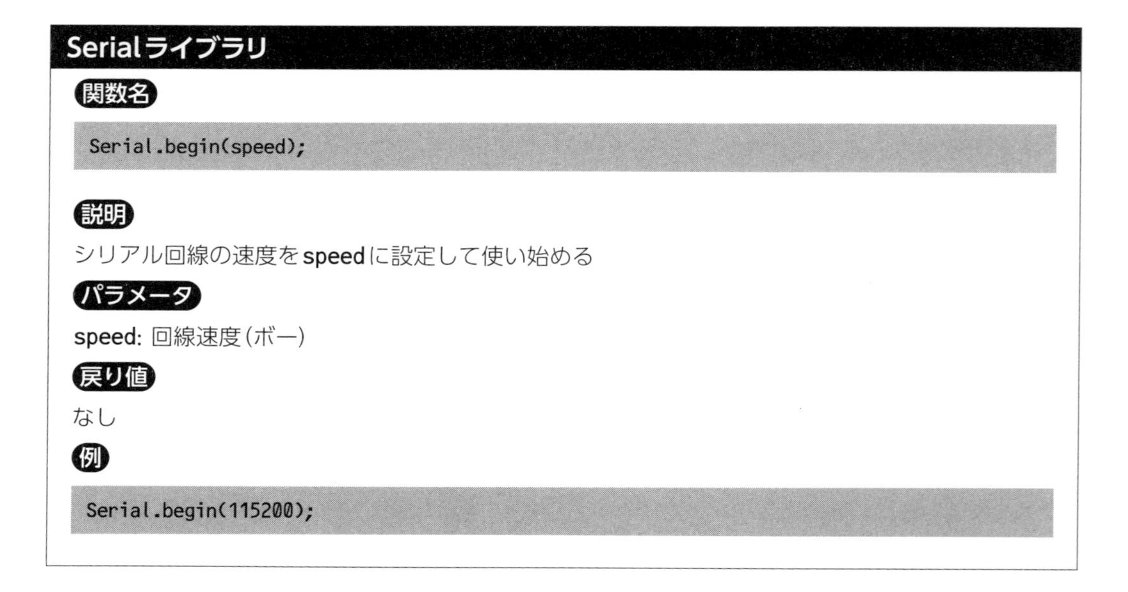

Serialライブラリ

関数名

```
Serial.begin(speed);
```

説明

シリアル回線の速度をspeedに設定して使い始める

パラメータ

speed: 回線速度（ボー）

戻り値

なし

例

```
Serial.begin(115200);
```

Serialライブラリ

変数名

```
Serial
```

説明

シリアル回線が利用可能か調べる

戻り値

シリアル回線が利用可能なら真、そうでないなら偽が返る

```
while (!Serial) ; // シリアル回線が利用可能になるまで待つ
```


Serialライブラリ

関数名

```
Serial.print(val);
Serial.print(val, format);
Serial.println(val);
Serial.println(val, format);
```

説明

値 `val` をシリアルに出力する。`println()` は出力したあとに改行する

パラメータ

`val`：出力する値。整数、浮動小数点数、文字、文字列を出力できる

`format`：出力する書式。`BIN`(2進数)、`OCT`(8進数)、`DEC`(10進数)、`HEX`(16進数)が指定できる。浮動小数点を出力する場合、小数点以下の桁数を指定できる

戻り値

出力した文字数

```
Serial.print(78); // 78が出力される
Serial.print(1.23456); // 1.23が出力される
Serial.print('N'); // Nが出力される
Serial.print("Hello World"); // Hello Worldという文字列が出力される
Serial.print(78, HEX); // 4Eが出力される
Serial.print(1.23456, 4); // 1.2346が出力される
```

Arduinoで文字を出力すると、シリアル回線に出力されます。ESPr Developer 32の場合はUSB

回線に出力され、パソコンで受信できます。**図3-11**のようにArduino IDEの右上のシリアルモニタボタンをクリックするとシリアルモニタが立ち上がります。シリアルモニタ下部の通信速度を`Serial.begin()`で指定した速度に合わせると、プログラムからの出力が表示されます。

`analogRead`関数を使ってアナログ温度センサの出力を読み、その値から温度を計算してシリアル回線に出力するプログラムは**プログラム3-1**のようになります。

`analogRead`関数の戻り値は入力が0Vのときに0、3.3Vのときに4095という値です。この値をeとすると、入力された電圧V_{out}は次の式で求められます。

$$V_{out} = e \div 4095.0 \times 3.3 + 0.1132$$

ESP32の内蔵ADコンバータは値の補正が必要なことが知られていて、0.1132という数字はその補正値です。詳しくはコラム「ESP32の内蔵ADコンバータは補正が必要」をご覧ください。

アナログ温度センサLM61BIZの温度tと出力電圧V_{out}の関係は次の関係でした。

$$t = (V_{out} - 0.6) \div 0.01$$

プログラム3-1ではこの2つの式を使って`analogRead`で読んだ値から温度を計算しています。`analogRead`関数の戻り値は整数なのでデータ型は`int`ですが、電圧と温度は小数点以下のある数字なのでデータ型を`float`にしています。

Arduino IDEの「ファイル」メニューの「新規ファイル」を選び、**プログラム3-1**を入力してください。シリアルモニタを立ち上げて、通信速度を「115200」に設定し、プログラムをビルドします。「スケッチのフォルダの保存先」を聞かれたら、分かりやすい名前、たとえば「LM61BIZ」などの名前をつけましょう。

▽図3-11：シリアルモニタ

▽プログラム3-1：LM61BIZ.ino

```
#define LM61BIZ 25

void setup() {
    Serial.begin(115200);     // シリアルの初期化
    while (!Serial) ;         // シリアル回線が利用可能になるまで待つ
    pinMode(LM61BIZ, INPUT);  // LM61BIZピンのモードを入力モードにする
}

void loop() {
    int e = analogRead(LM61BIZ); // LM61BIZピンの値を読む

    float Vout = e / 4095.0 * 3.3 + 0.1132;  // 補正式を使って電圧を補正する
    float temp = (Vout - 0.6) / 0.01;  // 電圧から温度に変換する
    Serial.println(temp);  // 温度をシリアルに出力する
    delay(1000);  // 1秒待つ
}
```


▽図3-12：出力結果その1

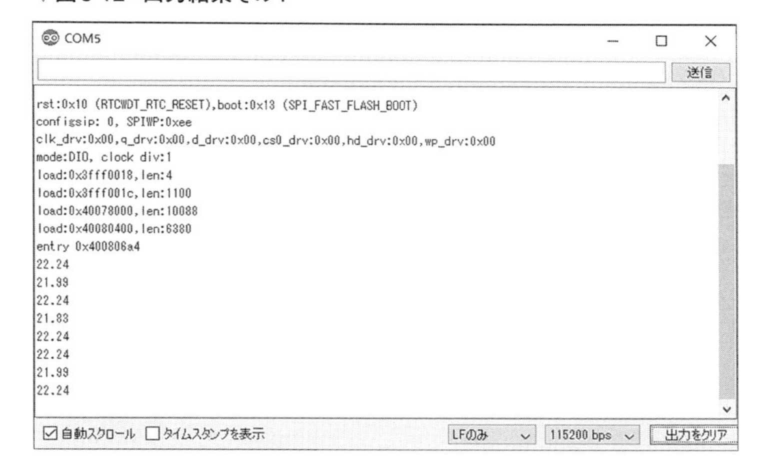

ビルドが終了すると、実行形式のファイルがマイコンにダウンロードされ、プログラムが動き、シリアルモニタに数字が出力されます(**図3-12**)。

LM61BIZを指で触って温めてみましょう。温度が高くなるのが確認できます。

Column：ESP32の内蔵ADコンバータは補正が必要

ESP32で内蔵ADコンバータに入力される電圧をテスタで測り、電圧を変化させながらテスタの値とESP32のanalogRead関数の結果を比較してみると、**図3-a**のような結果が得られます。

破線の理想的な結果と比べると、`analogRead`の結果は電圧が0Vから2.8Vぐらいまでは理想値よりも低い値です。正しい電圧値を得るためには、次の式で`analogRead`関数の値を補正する必要があります。

$$V_{out} = e \div 4095.0 \times 3.3 + 0.1132$$

この補正式は簡易なもので、電圧が0.2Vから2.5V程度の範囲で有効です。LM61BIZの測定範囲はマイナス25℃から85℃までで、そのときの出力は0.35Vから1.45Vなので、簡易な式で補正ができます。

なお、ESP32の内蔵ADコンバータが理想値からズレているという問題はESP32に固有の問題です。ADコンバータのMCP3004などでは補正の必要はありません。

▽図3-a：ESP32のanalogReadの特性

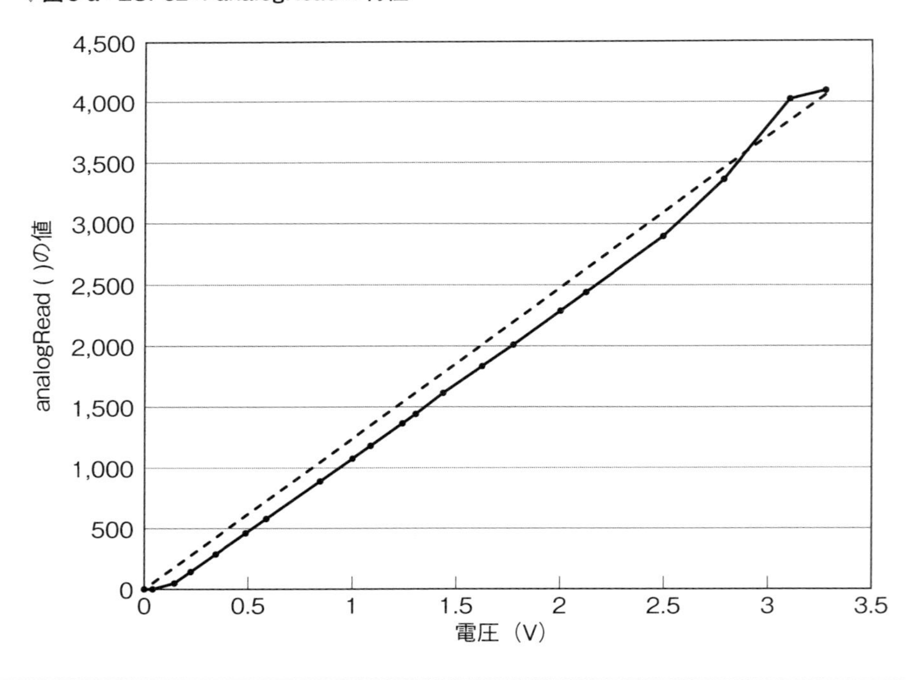

ノイズ対策

アナログセンサは電圧を出力し、それをADコンバータでデジタルデータに変換します。一般的にアナログセンサが出力した電圧は電源のノイズや周囲の電波の影響など、ノイズの影響を受け、ADコンバータの結果もその影響で値がブレます。これはマイコンに内蔵されたADコンバータでも外付けのADコンバータでも同様です。

ノイズの影響を小さくする方法としては、0.1μF程度のコンデンサをローパスフィルタとして追加する(**図3-13**)、複数回測定して平均値を取るといった方法があります。ノイズの影響は正しい値を中心にして上下にランダムに発生するので、複数回測定して平均値を取ることで正

▽図3-13：ローパスフィルタ

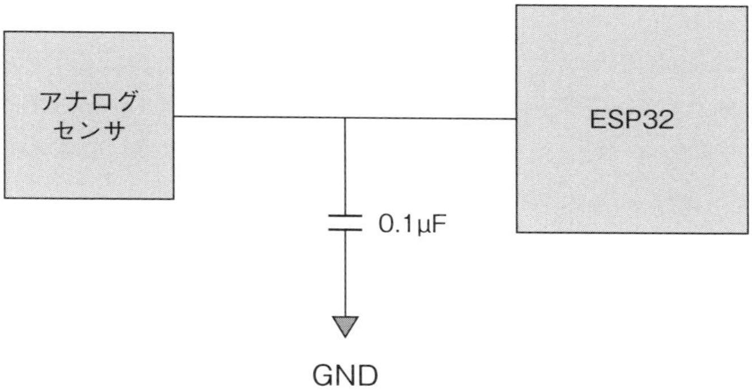

▽プログラム3-2：LM61BIZ_nr.ino

```
#define LM61BIZ 25
#define MULTISAMPLING 20

void setup()  {
    Serial.begin(115200);     // シリアルの初期化
    while (!Serial) ;         // シリアル回線が利用可能になるまで待つ
    pinMode(LM61BIZ, INPUT);  // LM61BIZピンのモードを入力モードにする
}

void loop() {
    int e = 0;

    for (int i = 0; i < MULTISAMPLING; i++) {
        e += analogRead(LM61BIZ); // LM61BIZピンの値を読む
    }

    float Vout = (float)e / MULTISAMPLING;  // 平均値を求める
    Vout = Vout / 4095.0 * 3.3 + 0.1132;  // 補正式を使って電圧を補正する
    float temp = (Vout - 0.6) / 0.01;  // 電圧から温度に変換する
    Serial.println(temp);  // 温度をシリアルに出力する
    delay(1000);  // 1秒待つ
}
```

しい値に収束させられます。

ここでは複数回測定して平均値を取る方法を紹介します(プログラム3-2)。複数回測定する回数をMULTISAMPLINGとして定義します。ここでは20回にしています。for文でanalogRead関数をMULTISAMPLING回呼び、結果を変数eに足しこんでいき、最後にMULTISAMPLINGで割ることで平均値を計算しています。analogRead関数の戻り値は整数なので変数eはint型ですが、平均値は小数の値になるので、浮動小数点型floatに型変換して平均値を計算します。

こうすることでノイズの影響を小さく抑えられます。

analogReadに使えるピン

ここまでアナログ温度センサをESPr Developer 32の25番ピンにつないで、analogRead関数でセンサの値を読んできました。他にはどのピンが使えるのでしょう？

ESP32には内蔵ADコンバータが2個(ADC1とADC2)搭載されています。2個の内蔵ADコンバータはそれぞれESP32のいくつかのピンから使えます。たとえばADC1はピン32、33、34、35、36、37、38、39から使えます。さらに、その内のいくつかのピンは開発ボードのESPr Developer 32が特別な用途で使っています。プログラムで使えるピンをまとめると次のようになります。

* ADC1：34、35、36、39ピン
* ADC2：4、13、14、25、26、27ピン。ただし、Wi-Fi機能を使うときはADC2は使えない

ADC2はWi-Fiドライバでも使われているため、Wi-Fi機能を使うときはプログラムではADC2は使えません。

これでアナログ温度センサで現実世界の温度をデータ化してマイコンに取り込むことができました。

デジタルセンサで温度と湿度を測る

湿度は、温度と並んで住まいの環境でも農業などの分野でも重要な情報です。温度と湿度の両方を測る需要が多いため、デジタルセンサでは1つのセンサで温度と湿度の両方を測れるものが多数あります。このように、1つのセンサデバイスで複数のデータを測れるのがデジタルセンサの特徴です。

マイコンにデジタル温湿度センサを接続し、プログラムで温度と湿度データを読み出し、シリアル回線に出力するセンサ端末を開発しましょう。本節では、マイコンにデジタル温湿度センサをつなぎ、センサを初期化して温度、湿度データを読み、モニタに出力するプログラムを

開発します。

アナログセンサのときの同様に電子部品の通販サイト、たとえばスイッチサイエンスのサイトで「温度 湿度」で検索してみます(**図3-14**)。

検索結果の中でブレッドボードに挿せて在庫が多数あるものを見ると、「BME280搭載 温湿度・気圧センサモジュール」と「Si7021搭載 温湿度センサモジュール」が見つかります。この2つのセンサの仕様は**表3-2**のようになっています。なお、ここでの「アクセス方法」はプログラムでのアクセス方法のことです。

BME280は非常に高機能なセンサで、複数回測定してノイズの影響を抑えたり、センサをスリープモードにして消費電力を小さくするなどの制御ができます。また、工場出荷時に校正をおこない、校正データがセンサに書き込まれています。測定時に校正データを使って補正をおこなうことで精度の高い測定値が得られます。高機能な分、アクセス方法はやや複雑です。

Si7021も工場出荷時に校正データがセンサに書き込まれ、精度の高い測定ができますが、

▽図3-14：デジタル温度・湿度・気圧センサ

▽表3-2：温湿度センサの仕様

		Si7021	BME280
測定対象		温度、湿度	温度、湿度、気圧
通信方式		I^{2}C	I^{2}CまたはSPI
電源電圧		3.3V or 5V	1.8V～3.3V
測定範囲			
	温度	-10～85℃	-10～85℃
	湿度	0～80%	0～100%
測定精度			
	温度	最大±0.4℃	±1℃
	湿度	最大±3%	±3%
アクセス方法		比較的単純	やや複雑

BME280と比較するとSi7021のアクセス方法は簡単なので、今回はSi7021を使います(**写真3-4**)。Si7021はマイコンとI^{2}Cで通信し、I^{2}Cアドレスは0x40です。

ESP32にデジタル温度センサを接続する

ESP32にデジタル温湿度センサSi7021をI^{2}Cでつなぎます。

I^{2}C通信はシリアルデータ(SDA)とシリアルクロック(SCL)の2本の信号線でマイコンとセンサが通信します。ESP32でI^{2}C通信のシリアルデータ(SDA)とシリアルクロック(SCL)として使えるピンは4、5、12、13、14、15、16、17、18、19、21、22、23、25、26、27番です。

デフォルトではSDAが21番ピン、SCLが22番ピンなので、ジャンパワイヤで21番ピンをSi7021のSDAに、22番ピンをSi7021のSCLにつなぎます。Si7021の電源(VIN)とグランド(GND)はそれぞれESP32の3V3とGNDと書かれたピンにつなぎます。アナログ温度センサのときと同じようにジャンパワイヤで直接つないでもよいですし、**図3-15**のようにジャンパワイヤの縦方向につながった穴を利用してもよいです。

また、I^{2}C通信ではシリアルデータ(SDA)とシリアルクロック(SCL)にプルアップ抵抗が必要です。Si7021モジュールはモジュール上にプルアップ抵抗がついているので、外付けのプルアップ抵抗は必要ありません。

以上をまとめると、回路図は**図3-16**のようになります。

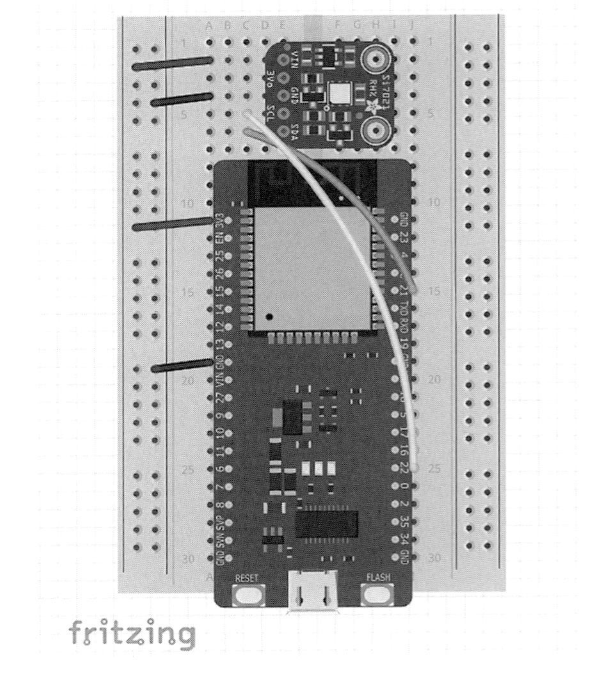

▽図3-15：ESP32とSi7021の接続

▽写真3-4：Si7021

▽図3-16：ESP32とSi7021の回路図

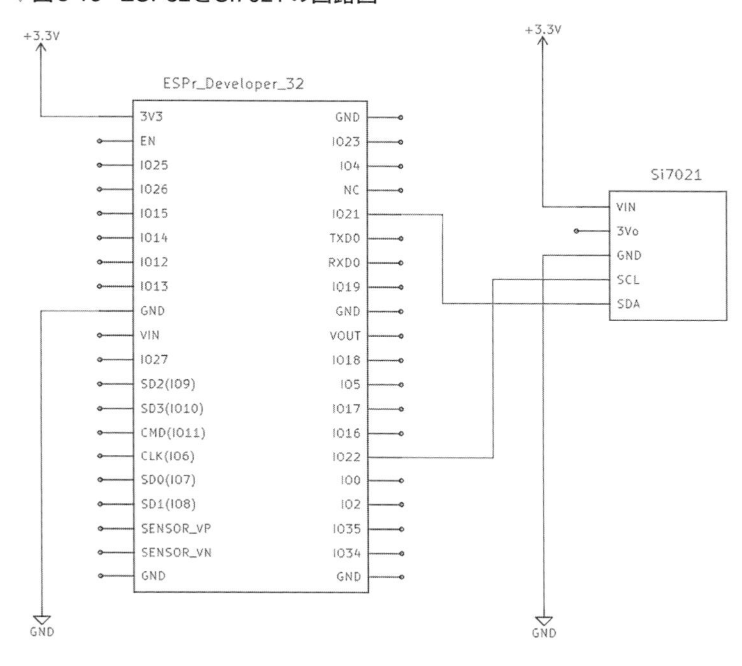

デジタル温度センサへのアクセス

ArduinoでI²C通信をするには、Wireライブラリを使います。Wireライブラリで提供される関数の詳細は後回しにして、まずプログラムを見てみましょう(**プログラム3-3**)。

プログラム3-3をArduino IDEに入力し、ビルドして実行すると、1秒ごとに温度と湿度を測ってシリアルに出力します(**図3-17**)。

また、Arduino IDEにはシリアルプロッタというツールがあります。シリアルモニタを閉じて、「ツール」メニューの「シリアルプロッタ」を選択すると、シリアルプロッタが立ち上がります。

プログラムを動かして、しばらく見ていると、データがグラフ化されて表示されます。途中でセンサを触って温めて、温度、湿度が上昇するのを見てみました(**図3-18**)。シリアルプロッタはデータの傾向を簡単にグラフで確認でき、とても便利です。

では、**プログラム3-3**を見ていきましょう。

Wireライブラリを使うには、Wire.hというヘッダファイルをインクルードします。すると、`Wire`というオブジェクトが使えるようになります。最初に`Wire.begin`関数でWireオブジェクトを初期化します。

▽プログラム3-3：Si7021.ino

```
#include <Wire.h>

#define SI7021_ADDR 0x40

#define SI7021_TEMP_HOLD        0xE3 // 温度を読む, Hold Master Mode
#define SI7021_TEMP_NOHOLD      0xF3 // 温度を読む, No Hold Master Mode
#define SI7021_RH_HOLD          0xE5 // 湿度を読む, Hold Master Mode
#define SI7021_RH_NOHOLD        0xF5 // 湿度を読む, No Hold Master Mode
#define SI7021_RESET            0xFE

void reset(void) {
    Wire.beginTransmission(SI7021_ADDR);  // コマンド送信の準備をする
    Wire.write(SI7021_RESET);  // 送信するコマンドをキューイングする
    Wire.endTransmission();  // キューイングしたコマンドを送信する
    delay(50);
}

float readHumidity(void) {
    Wire.beginTransmission(SI7021_ADDR);
    Wire.write(SI7021_RH_NOHOLD);
    Wire.endTransmission();  // 湿度を読むコマンドを送信

    while (true) {
        if (Wire.requestFrom(SI7021_ADDR, 3) == 3) {  // 3バイトの答えが返されたら
            uint16_t hum = Wire.read() << 8 | Wire.read();  // データを読む
            uint8_t chxsum = Wire.read();
            return (float)hum * 125 / 65536 - 6;
        }
        delay(6);
    }
}

float readTemperature(void) {
    Wire.beginTransmission(SI7021_ADDR);
    Wire.write(SI7021_TEMP_NOHOLD);
    Wire.endTransmission();  // 温度を読むコマンドを送信

    while (true) {
        if (Wire.requestFrom(SI7021_ADDR, 3) == 3) {  // 3バイトの答えが返されたら
            uint16_t temp = Wire.read() << 8 | Wire.read();  // データを読む
            uint8_t chxsum = Wire.read();
            return (float)temp * 175.72 / 65536 - 46.85;
        }
        delay(6);
    }
}

void setup() {
    Serial.begin(115200);
    while (!Serial) ;

    Wire.begin();
    reset();
}

void loop() {
    float temp = readTemperature();
```

```
    float humid = readHumidity();
    Serial.printf("temp; %.2f, humid: %.2f/r/n", temp, humid);
    delay(1000);
}
```

I^2C通信のやりとりは、次の2つの方法でおこないます。

a. デバイスのアドレスを指定してコマンドを送る（図3-19a）
b. コマンドを送り、それに対するデータを読む（図3-19b）

▽図3-17：出力結果その2

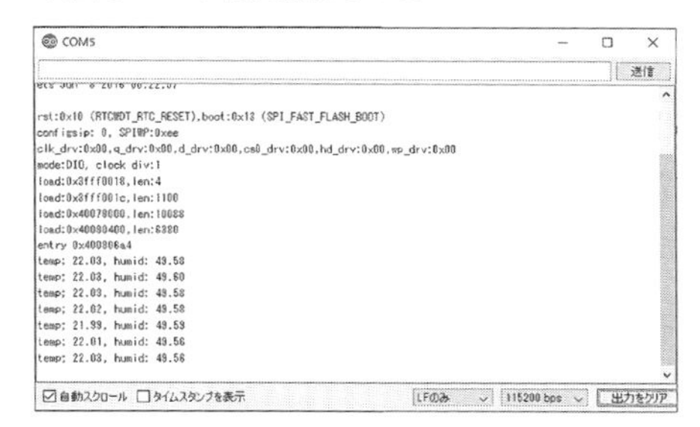

▽図3-18：シリアルプロッタ

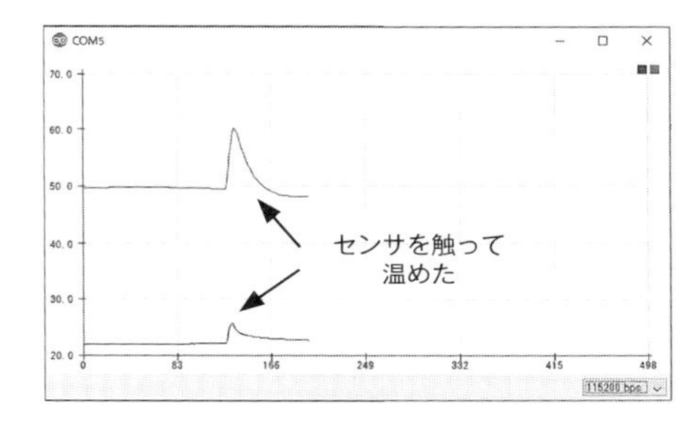

▽図3-19：I^2C通信のやりとり

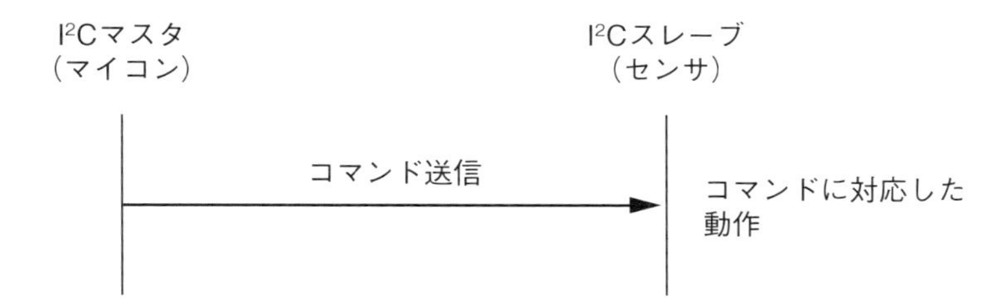

a. コマンド送信のみのやり取り

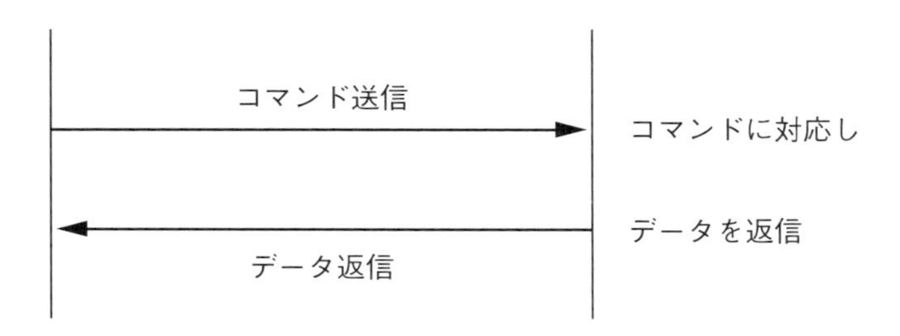

b. コマンド送信・データ受信のやり取り

プログラム3-3ではSi7021を初期化する**reset**関数が方法aのコマンドを送るやり取りで、初期化コマンドを受け取ったSi7021は初期化をおこないますが、応答は返しません。Si7021から温度を読む**readTemperature**関数は、マイコンから温度を読み出すコマンドを送信し、Si7021がその応答として温度データを返信します。湿度を読む**readHumidity**関数も同様です。

コマンドは次のように送ります。まずコマンドを送る先のI²Cアドレスを指定して**Wire.beginTransmission**関数を呼び、送信の準備をします。次に**Wire.write**関数で、送るコマンドをキューイングします。最後に**Wire.endTransmission**関数を呼ぶとコマンドが送信されます。

```
// コマンド送信先のI2Cアドレスを指定して送信の準備をする
Wire.beginTransmission(I²Cアドレス);
// 送信するコマンドをキューイングする
Wire.write(コマンド);
// キューイングしたコマンドを送信する
Wire.endTransmission();
```

データを読むのは次のようにします。まずデータを読む先のI²Cアドレスと読み込むデータのバイト数を指定して**Wire.requestFrom**関数を呼びます。そして、I²Cデバイスから送られてくるデータを**Wire.read**関数で読み取ります。

```
// データを受信する先のI2Cアドレスとバイト数を指定する
Wire.requestFrom(I²C通信のアドレス, バイト数);
// 指定したバイト数分、データを読む
byte data1 = Wire.read();
byte data2 = Wire.read();
```

センサは測定コマンドを受け取ってから測定し、答えを返すまでに一定の時間がかかります。**プログラム3-3**では**Wire.requestFrom**関数で3バイトの答えが返ってきたら**Wire.read**関数でデータを読み出しています。

Si7021のコマンド

ここまで見てきたとおり、デジタルセンサはコマンドを送ってセンサの動作モードを設定したり、データを読んだりしてアクセスします。ここでSi7021の主なコマンドを見てみましょう

▽表3-3：Si7021の主なコマンド

コマンド	コード
温度を読む(Hold Master Mode)	0xE3
温度を読む(No Hold Master Mode)	0xF3
湿度を読む(Hold Master Mode)	0xE5
湿度を読む(No Hold Master Mode)	0xF5
リセット(Reset)	0xFE

(表3-3)。温度と湿度を読み出すコマンドがあり、それぞれにセンサが測定中の場合にマイコンを待たせるか(Hold Master Mode)、リード要求をエラーリターンさせるか(No Hold Master Mode)が選べます。また、センサをリセットするコマンドがあります。

読み込んだ温度、湿度のデータからは次の式で温度(℃)、湿度(%)を求められます。

温度(℃) = 175.72 × 読み込んだ温度データ ÷ 65536 − 46.85

湿度(%) = 125 × 読み込んだ湿度データ ÷ 65536 − 6

なお、こうしたセンサのコマンドやデータの変換方法はメーカーのデータシートに書かれています。

Wireライブラリ関数

続いてWireライブラリの関数仕様を見ていきましょう。

まずは`Wire.begin`です。これは`Wire`オブジェクトを初期化してI^{2}C通信が使えるようにします。パラメータを指定しない場合、SDAは21番ピン、SCLは22番ピン、速度100kHzで初期設定します。

Wireライブラリ

関数名

```
Wire.begin();
Wire.begin(sda, scl[, freq]);
```

説明

`Wire`オブジェクトを初期化する。パラメータを指定しない場合、SDAは21番ピン、SCLは22番ピンになる

パラメータ

sda: SDAのピン番号

scl: SCLのピン番号

freq: I^{2}C通信の周波数。デフォルトは100kHz

戻り値

なし

```
Wire.bigin();
Wire.bigin(12, 14);
```

`Wire.beginTransmission`はI^{2}C通信でのデータ送信の準備をします。

関数名

```
Wire.beginTransmission(address);
```

アドレスで示されるデバイスへのI²C送信の準備をする

パラメータ

address: I²Cアドレス

戻り値

なし

```
Wire.beginTransmission(0x40);
```

`Wire.write`は送るデータを送信キューにキューイングします。

Wireライブラリ

関数名

```
Wire.write(value);
Wire.write(string);
Wire.write(data, length);
```

説明

I²Cで送信するデータをキューイングする

パラメータ

value: 1バイトデータを送る

string: `string`で示される連続バイトを送る

data: 複数バイトの配列

length: 送信するバイト数

戻り値

キューイングしたバイト数

```
Wire.write(0xFE);
```

`Wire.endTransmission`はキューイングされたデータを実際に送信します。成功かエラーかが戻り値として返されます。

Wireライブラリ

関数名

```
Wire.endTransmission();
Wire.endTransmission(stop);
```

説明

Wire.writeで準備したデータを送信する

パラメータ

stop: trueを指定すると、送信後、STOPメッセージを送ってI^2Cバスを開放する。falseの場合は開放しない。デフォルトはtrue

戻り値

0：成功

1：データが送信バッファより長い

2：アドレス送信時にNACKを受信

3：データ送信時にNACKを受信

4：その他のエラー

```
uint8_t err = Wire.endTransmission();
```

Wire.requestFromはI^2Cデバイスにデータを要求します。データは次に続くWire.readで読み出します。

Wireライブラリ

関数名

```
Wire.requestFrom(address, bytes);
Wire.requestFrom(address, bytes, stop);
```

説明

I^2Cアドレスで指定するデバイスにbytesバイトのデータを要求する

パラメータ

address: I^2Cアドレス

bytes: 要求するデータバイト数

stop: trueを指定すると、送信後、STOPメッセージを送ってI^2Cバスを開放する。falseの場合は開放しない。デフォルトはtrue

戻り値

読んだデータのバイト数

例

```
Wire.requestFrom(0x40, 3);
```

そして、Wire.readはWire.requestFrom関数で要求したデータを読み出します。

Wireライブラリ

関数名

```
Wire.read();
```

説明

Wire.requestFrom関数で要求したデータを読む

パラメータ

なし

戻り値

読んだデータ

例

```
uint8_t data = Wire.read();
```

Si7021のライブラリを使う

Wireライブラリを使ってI^{2}C通信でセンサをリセットしたりデータを読む方法を見てきました。センサのコマンドはデータシートなどに書かれていて、それを参照しながらプログラミングすればセンサを制御できますが、ちょっと大変です。

センサの扱いを簡単にするために、センサメーカーやモジュールのメーカーがセンサにアクセスするライブラリを提供している場合があります。Si7021はモジュールを作っているAdafruit社がライブラリを提供しています。ここでは、このライブラリを使ってSi7021にアクセスします。

まずライブラリをArduino IDEにインストールします。Arduino IDEの「スケッチ」メニューの「ライブラリをインクルード」の「ライブラリを管理...」をクリックして(**図3-20**)、ライブラリマネージャを立ち上げます。

ライブラリマネージャの検索窓に「adafruit si7021」と入力すると、**図3-21**のように「Adafruit Si7021 Library by Adafruit」が検索されるので、その最新版をインストールします。

次にもう一度ライブラリマネージャを立ち上げ、「Adafruit Unified Sensor」を検索し、Adafruit社の共通ライブラリ「Adafruit Unified Sensor」をインストールします。

Arduino IDEの「ファイル」メニューの「スケッチ例」の先に「Adafruit Si7021 Library」が現れれば、インストール完了です。

ライブラリを使うとSi7021は**プログラム3-4**のようにアクセスできます。

最初にヘッダファイルであるAdafruit_Si7021.hをインクルードし、`Adafruit_Si7021`オブ

▽図3-20：ライブラリマネージャを立ち上げる

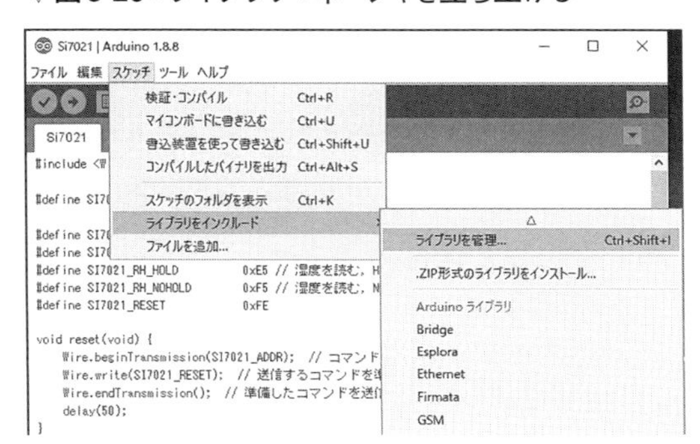

▽図3-21：ライブラリマネージャ

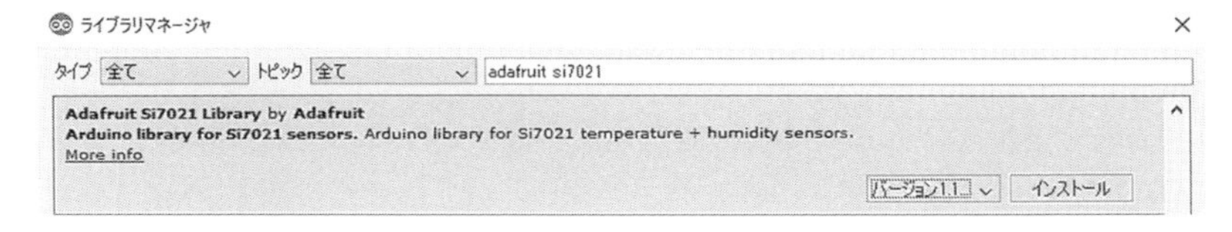

▽プログラム3-4：Si7021_lib.ino

```
#include "Adafruit_Si7021.h"

Adafruit_Si7021 sensor = Adafruit_Si7021();  // Adafruit_Si7021オブジェクトを初期化する

void setup() {
    Serial.begin(115200);
    while (!Serial) ;

    if (!sensor.begin()) {  // Si7021を初期化する
        Serial.println("Did not find Si7021 sensor!");
        while (true) ;
    }
}

void loop() {
    Serial.print("Humidity:    ");
    Serial.print(sensor.readHumidity(), 2);  // Si7021から湿度を読む
    Serial.print("/tTemperature: ");
    Serial.println(sensor.readTemperature(), 2);  // Si7021から温度を読む
    delay(1000);
}
```

ジェクトを初期化します。`sensor.begin`関数でセンサを初期化すると、`sensor.readTemperature`関数で温度が、`sensor.readHumidity`関数で湿度が読めるようになります。

Si7021ライブラリを使えばWireライブラリの詳細を気にせずにSi7021が使えて便利ですが、Si7021ライブラリの中ではWireライブラリを使ってI^2C通信でSi7021にアクセスしていることを知っておくとよいでしょう。

これでデジタル温湿度センサを使って温度と湿度をデータ化してマイコンに取り込めるようになりました。

Wi-Fi経由でクラウドにデータを送信する

ここまででマイコンにデジタル温湿度センサを接続し、温度、湿度データが読めています。ESP32には通信モジュールが搭載されているので、ハードウェアは揃っています。ここからはプログラムを追加し、マイコンをネットワークに接続し、センサデータをクラウドサービスに送信しましょう。

本節では、プログラムを追加してマイコンをネットワークに接続し、センサから読んだ温度、湿度データをクラウドサービスに送信します。また、クラウドサービスの準備をして、センサ端末から実際にデータを送り、クラウドサービス上でセンサデータを確認します。

ESP32はWi-FiとBluetoothの2つの通信機能が搭載されています。Wi-Fiであれば、身近にあるWi-Fiルータに接続しTCP/IPで直接インターネット上のサーバと通信できます。プロトコル変換をするゲートウェイが不要で簡単に使えるため、ここではWi-Fi経由でクラウドにデータを送信することにしましょう。

Wi-Fiネットワークへの接続

まずはESP32をWi-Fiネットワークに接続します。ESP32のWi-Fi通信は2.4GHzのみに対応しているので、接続するWi-Fiルータの2.4GHzのSSIDとパスワードを調べます。

Wi-Fiネットワークに接続するプログラムは**プログラム3-5**のようになります。

プログラム3-5の中の`ssid`と`password`を接続するWi-Fiルータのものに書き換え、ビルドして実行すると、数秒でWi-Fiネットワークに接続し、割り当てられたローカルIPアドレスが表示されます(**図3-22**)。

Wi-Fiネットワークに接続するには、ヘッダファイルWiFi.hをインクルードします。すでに見たように、`ssid`と`password`を指定して`WiFi.begin`関数を呼ぶと、`ssid`で指定したWi-Fiネットワークへの接続を始めます。`WiFi.status`関数で接続状態を調べ、状態が`WL_CONNECTED`になったら接続完了です。

接続するまでの時間は電波強度などの環境に依存しますが、普通は3から6秒程度です。

▽プログラム3-5：WiFi_test.ino

```
#include <WiFi.h>

const char* ssid = "ssid";
const char* password = "password";

void setup(){
    Serial.begin(115200);
    while (!Serial) ;

    WiFi.begin(ssid, password);  // Wi-Fiネットワークに接続する
    while (WiFi.status() != WL_CONNECTED) {  // 接続したか調べる
        delay(500);
        Serial.print(".");
    }
    Serial.println("WiFi connected");
    Serial.print("IP address: ");
    Serial.println(WiFi.localIP());  // ローカルIPアドレスをプリントする
}
void loop() {

}
```


▽図3-22：プログラム3-5の実行結果

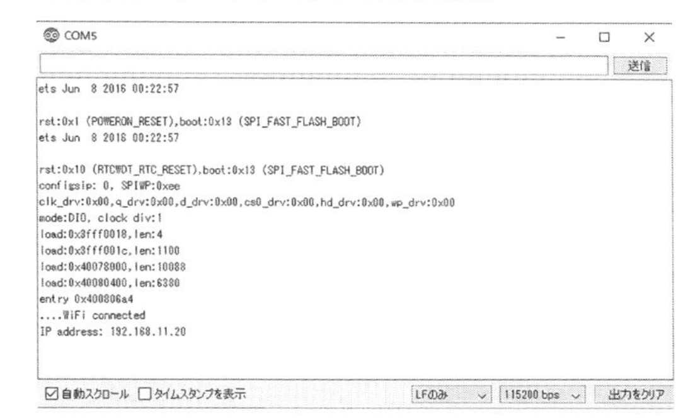

クラウドサービスへのデータ送信

Wi-Fiネットワークに接続できたら、クラウドサービスにデータを送信します。ここでは簡単に使い始められるIoTデータ可視化サービス「Ambient」を使います。'

Ambientとは

AmbientはIoTセンサ端末から送られるセンサデータを受信し、蓄積し、可視化(グラフ化)することに特化したシンプルなクラウドサービスです。フリーミアムサービスで、無料で8台までのセンサ端末からデータを送ることができます(**図3-23**)。

端末の種類はArduino、Raspberry Piなどなんでも構いません。いろいろな端末からAmbientにデータを送るためにArduino／C++、Python／MicroPython、Node.jsなどのライブラリが提

供されています。

ユーザ登録

Ambientを使うには、まずAmbientのサイト注2からユーザ登録します。メールアドレスとAmbientで使うパスワードを入力すると、登録確認メールが送られてきて、メールに書いてあるURLをクリックすると登録が完了します。

チャネルを作る

Ambientはデータを「チャネル」という単位で管理します。IoT端末からAmbientにデータを送るときには、チャネルを指定します。Ambientにログインすると、ユーザが所有するチャネル一覧が表示されますが、ユーザ登録直後はチャネルを持っていないので、何も表示されません。

チャネル一覧画面で「チャネルを作る」ボタンをクリックするとチャネルが作られ、作られたチャネルの情報が表示されます(**図3-24**)。データを送るときはチャネルIDとライトキーを使います。

ライブラリをインストールする

ArduinoでAmbientにデータを送るためのライブラリがあるので、それをArduino IDEにインストールします。

Arduino IDEの「スケッチ」メニューの「ライブラリをインクルード」から「ライブラリを管理…」

▽図3-23：Ambient

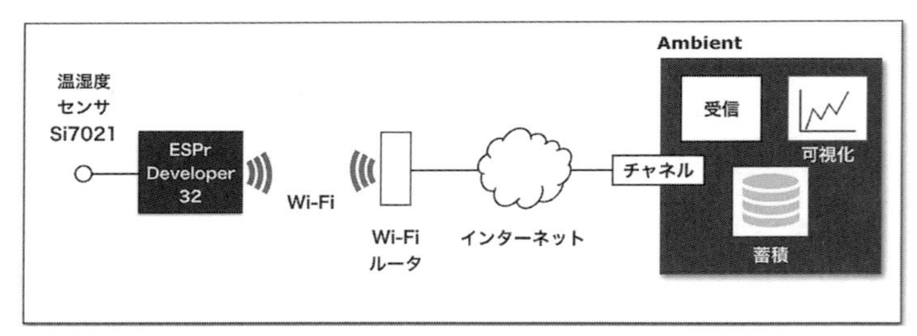

▽図3-24：チャネルを作る

注2） https://ambidata.io

▽図3-25：Ambientライブラリのインストール

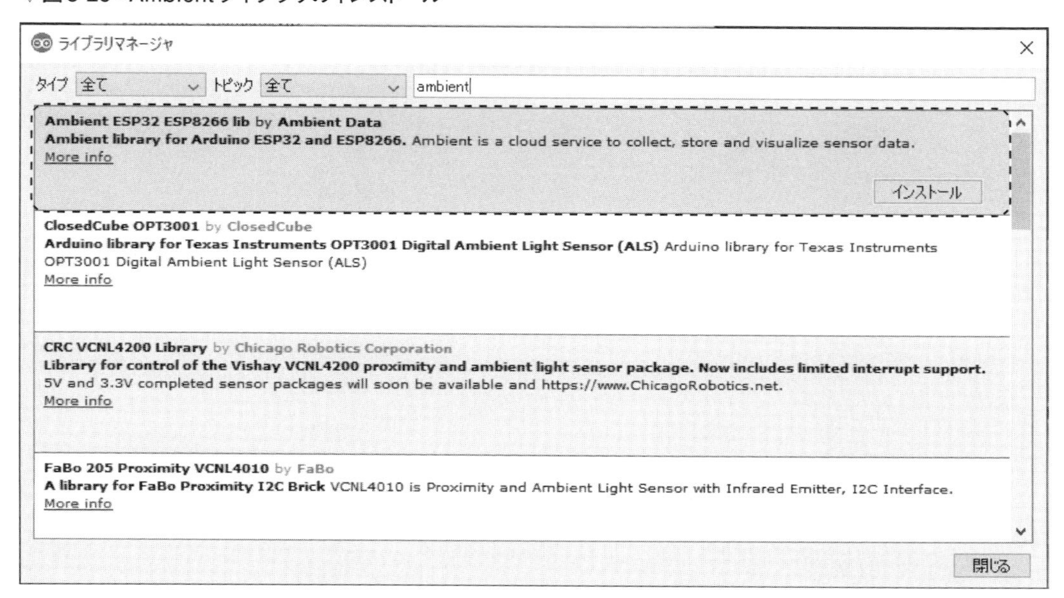

をクリックして、ライブラリマネージャを立ち上げます。ライブラリマネージャの検索窓に「ambient」と入力すると、**図3-25**のように「Ambient ESP32 ESP8266 lib by Ambient Data」が表示されるので、それをインストールします。

Ambientにデータを送る

続いてAmbientにデータを送るプログラムを見てみましょう(**プログラム3-6**)。

Ambientにデータを送るには、まずヘッダファイルAmbient.hをインクルードし、次のようにAmbientオブジェクトを定義します。

```
#include <Ambient.h>

Ambient ambient;
```

▽プログラム3-6：Ambient_Si7021.ino

```
#include <WiFi.h>
#include "Adafruit_Si7021.h"
#include <Ambient.h>

const char* ssid = "ssid";
const char* password = "password";

WiFiClient client;
Ambient ambient;

unsigned int channelId = 100; // AmbientのチャネルID
const char* writeKey = "writeKey"; // ライトキー

Adafruit_Si7021 sensor = Adafruit_Si7021();  // Adafruit_Si7021オブジェクトを初期化する

void setup() {
    Serial.begin(115200);
    while (!Serial) ;

    WiFi.begin(ssid, password);  // Wi-Fiネットワークに接続する
    while (WiFi.status() != WL_CONNECTED) {  // 接続したか調べる
        delay(500);
        Serial.print(".");
    }
    Serial.println("WiFi connected");
    Serial.print("IP address: ");
    Serial.println(WiFi.localIP());  // ローカルIPアドレスをプリントする

    ambient.begin(channelId, writeKey, &client); // チャネルIDとライトキーを指定してAmbientの初期化

    if (!sensor.begin()) {  // Si7021を初期化する
        Serial.println("Did not find Si7021 sensor!");
        while (true) ;
    }
}

void loop() {
    float temp = sensor.readTemperature();  // Si7021から温度を読む
    float humid = sensor.readHumidity();  // Si7021から湿度を読む
    Serial.printf("temp: %.2f, humid: %.2f/r/n", temp, humid);

    ambient.set(1, temp);  // Ambientのデータ1に温度をセットする
    ambient.set(2, humid);  // データ2に湿度をセットする
    ambient.send();  // Ambientに送信する
    delay(60 * 1000);
}
```

ambient.begin関数でチャネルIDとライトキーを指定して初期化すると、指定したIDのチャネルにデータを送る準備ができます。

Ambientライブラリ

関数名

```
ambient.begin(channelId, writeKey, &client);
```

説明

チャネルIDとライトキーを指定してAmbientの初期化をおこなう

パラメータ

`channelID`: データを送るチャネルID

`writeKey`: チャネルIDのライトキー

`client`: `client`オブジェクトのアドレス

戻り値

true: 成功

false: 不成功

```
ambient.begin(100, "writeKey", &client);
```

Ambientの1つのチャネルには8種類までのデータが送れます。データを送るときは**ambient.set**関数でデータをセットし、**ambient.send**関数で送ります。**プログラム3-6**ではデータ1に温度を、データ2に湿度をセットしてAmbientに送信しています。

Ambientライブラリ

関数名

```
ambient.set(int field, char *data);
ambient.set(int field, int data);
ambient.set(int field, double data);
```

説明

Ambientに送信するデータをパケットにセットする

パラメータ

`field`: 何番目のデータかを示す。1から8までの値が指定できる

`char *data`: 送信するデータを文字列にしたもの

`int data`: `int`形式のデータ

`double data`: `double`形式のデータ

戻り値

true: 成功

false: 不成功

```
ambient.set(1, temp);
ambient.set(2, humid);
```

Ambientライブラリ

関数名

```
ambient.send();
```

説明

Ambientにデータを送信する

パラメータ

なし

戻り値

true: 成功

false: 不成功

例

```
ambient.send();
```

プログラム3-6の`ssid`と`password`を接続するWi-Fiルータのものに書き換え、`channelID`と`writeKey`をAmbientで作ったチャネルのIDとライトキーに書き換えてビルドし、プログラムを動かしてみましょう。シリアルモニタに60秒ごとに温度と湿度が表示され、それと同時にデータがAmbientに送られていきます。

送信したデータの確認

Ambientに送信したデータを確認しましょう。Ambientのサイトにログインし、作ったチャネルのページを見ると、**図3-26**のように送信したセンサデータがグラフ化されているのが確認できます。

プログラムを動かしたまましばらく観察すると、グラフがリアルタイムに更新されていくのが分かります。

データはクラウドに送信され、蓄積されているので、他の端末からも見ることができます。スマートフォンのブラウザからAmbientのサイトにアクセスしてログインし、同じチャネルを見ると、**図3-27**のようにデータが確認できます。

Ambientへは60秒間隔でデータを送信しています。Ambientの仕様は次のようになっていま

▽図3-26：Ambientのチャネル画面

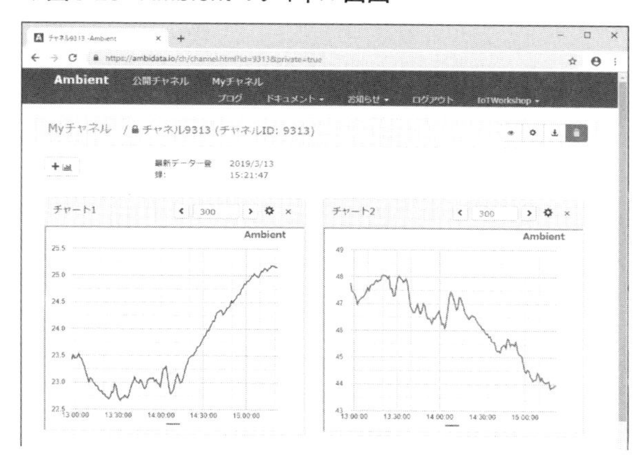

▽図3-27：スマートフォンから
Ambientチャネルにアクセスする

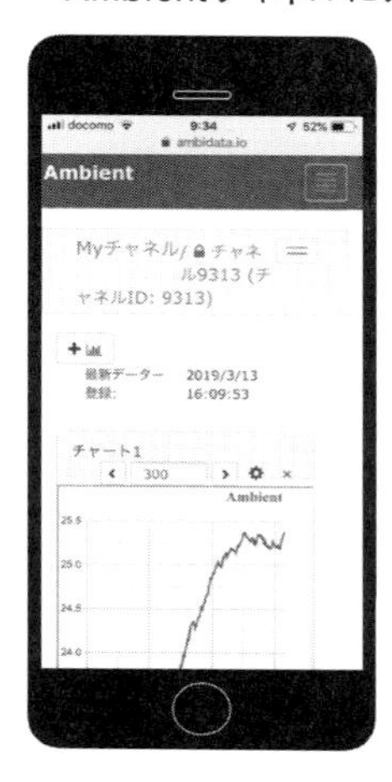

す。

＊チャネル数：1ユーザあたり8チャネルまで
＊データ種類：1チャネルあたり8種類まで
＊送信間隔：チャネルごとに最小5秒間隔
＊データ件数：1チャネルあたり1日3,000件
＊チャート数：1チャネルあたり8個

Ambientのデータ送信間隔はチャネルごとに最小5秒ですが、1日に送れるデータ件数は3,000件までとなっています。5秒間隔で送ると4時間10分で3,000件に達し、その日はそれ以上送れなくなります。等間隔でデータを送信し続けるには約30秒間隔で送るようにしましょう。

とはいえ、実際には測定する対象に合わせた適切な送信間隔を選ぶべきです。たとえば外気温や室温であれば、それほど短時間に変化しないので、5分あるいは10分間隔での測定で十分です。

データの表示を見やすく設定する

Ambientは表示の設定などをしなくても、チャネルを作り、マイコンからデータを送信するだけで、データを蓄積してグラフ化します。しかしそれだけでなく、グラフを見やすくカスタマイズすることもできます。

まず受信したデータに名前をつけましょう。チャネルページ右上の「チャネル設定」ボタンをクリックし(**図3-28**)、チャネル設定ページを表示します(**図3-29**)。

チャネル名、説明、データ1〜8までに適当な名前や説明を書くことができます。ここではチャネル名を「部屋の温度と湿度」、説明を「温湿度センサSi7021で1分ごとに測定した部屋の温度と湿度」、データ1を「温度(℃)」、データ2を「湿度(%)」にしました。この他にもセンサを設置した場所や写真を設定できます。

最後に「チャネル属性を設定する」ボタンをクリックすると、属性が設定されます。チャネル画面に戻ると設定が反映されているのが確認できます(**図3-30**)。

チャートもカスタマイズできます。チャートの右上の「チャート設定ボタン」をクリックし、チャート設定ページを表示します(**図3-31**)。

たとえば、チャート名を「温度と湿度」にして、データ1を左軸に、データ2を右軸に表示するように設定して、「設定を変更」をクリックします。これでチャートがカスタマイズされました(**図3-32**)。

これらの設定はクラウド上でおこなわれるので、他の端末から見ても同じように変更されます(**図3-33**)。

ちょっとした実験でセンサ値を確認するなら設定なしに使うこともできますし、長期的にセンサデータを観測するなら何を測定しているのか、測定の条件、データの種類などを記録し、チャートも分かりやすく設定しておくと便利です。

▽図3-28：チャネル設定ボタン

▽図3-29：チャネル設定ページ

▽図3-30：チャネルページの設定

部屋の温度と湿度 -Ambient
https://ambidata.io/ch/channel.html?id=9313&private=true
Ambient
公開チャネル
Myチャネル
ブログ
ドキュメント
お知らせ
ログアウト
IoTWorkshop
Myチャネル / 部屋の温度と湿度 (チャネルID: 9313)
最新データー登録: 2019/3/13 16:09:53
チャネル名
温湿度センサSi7021で1分ごとに測定した部屋の温度と湿度
説明
チャート1
チャート2
Ambient
データ1
データ2
AmbientData Inc.
利用規約
会社概要

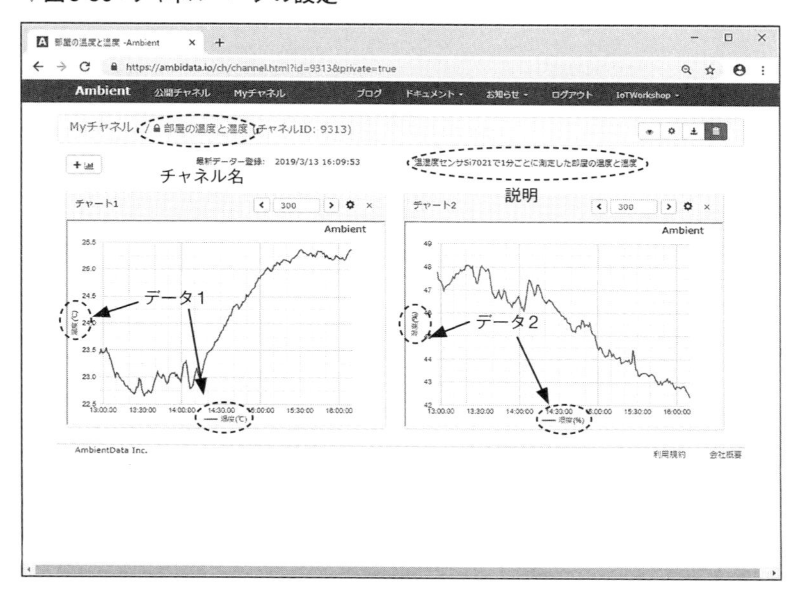

▽図3-31：チャート設定ページ

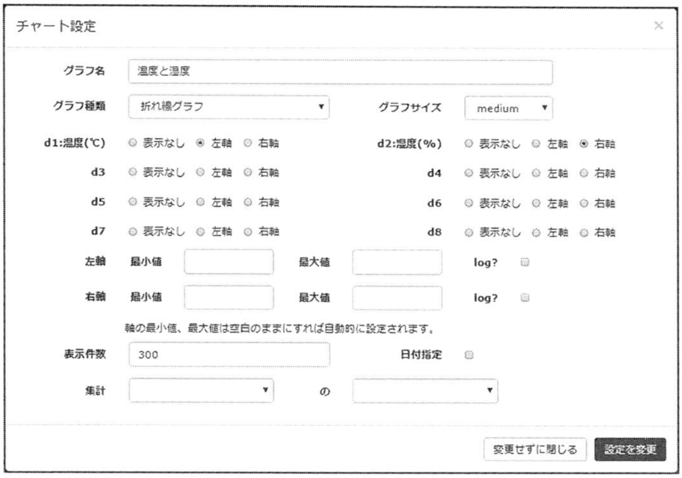

チャート設定
グラフ名
温度と湿度
グラフ種類
折れ線グラフ
グラフサイズ
medium
d1:温度(℃) 表示なし 左軸 右軸
d2:湿度(%) 表示なし 左軸 右軸
d3 表示なし 左軸 右軸
d4 表示なし 左軸 右軸
d5 表示なし 左軸 右軸
d6 表示なし 左軸 右軸
d7 表示なし 左軸 右軸
d8 表示なし 左軸 右軸
左軸 最小値 最大値 log?
右軸 最小値 最大値 log?
軸の最小値、最大値は空白のままにすれば自動的に設定されます。
表示件数
300
日付指定
集計
の
変更せずに閉じる
設定を変更

▽図3-32：チャートの設定

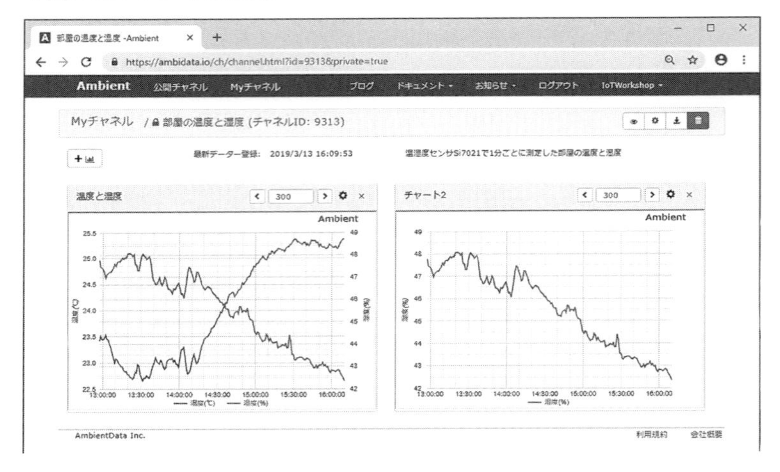

▽図3-33：設定変更は他の端末で見ても有効

まとめ

本章ではマイコンにアナログ温度センサとデジタル温湿度センサをつなぎ、温度と湿度を測定し、そのデータをクラウドサービスに送信して蓄積し、可視化するIoTシステムを開発して、動作を確認しました。シンプルなシステムですが、センサ端末、ネットワーク、クラウドサービスをつなげたIoTシステムの動きが理解できたと思います。

ここで開発したIoTシステムを使い、実際にオフィスやハウス栽培のハウスの温度、湿度を定期的に測定している事例もあり、簡単ですが実用的なシステムです。

また、本章ではアナログ温度センサとデジタル温湿度センサを使いました。それ以外のセンサを扱う場合には、センサモジュールのメーカーがライブラリやサンプルプログラムを提供していることが多いので、ネット上でライブラリやサンプルプログラムを探して、参考にするとよいでしょう。

第4章では第3章で開発したセンサ端末をより実用的にするために、課題を整理し、特に端末を電池で動かすための省電力化に取り組みます。

第4章

より実用的なセンサ端末を作る

―― 消費電力を下げ、バッテリーで動かしてみよう

第3章ではマイコンと温湿度センサでセンサ端末を作り、クラウドサービスにデータを送信して可視化し、シンプルなIoTシステムを作りました。このセンサ端末はUSBケーブルから電源を得ているため、USBタイプのモバイルバッテリーかACアダプタが必要で、設置場所が限られています。

本章ではまずセンサ端末をより実用的にするための課題を整理します。その中でも重要課題となる電源の問題に取り組み、センサ端末をバッテリーで長時間動作できるようにします。

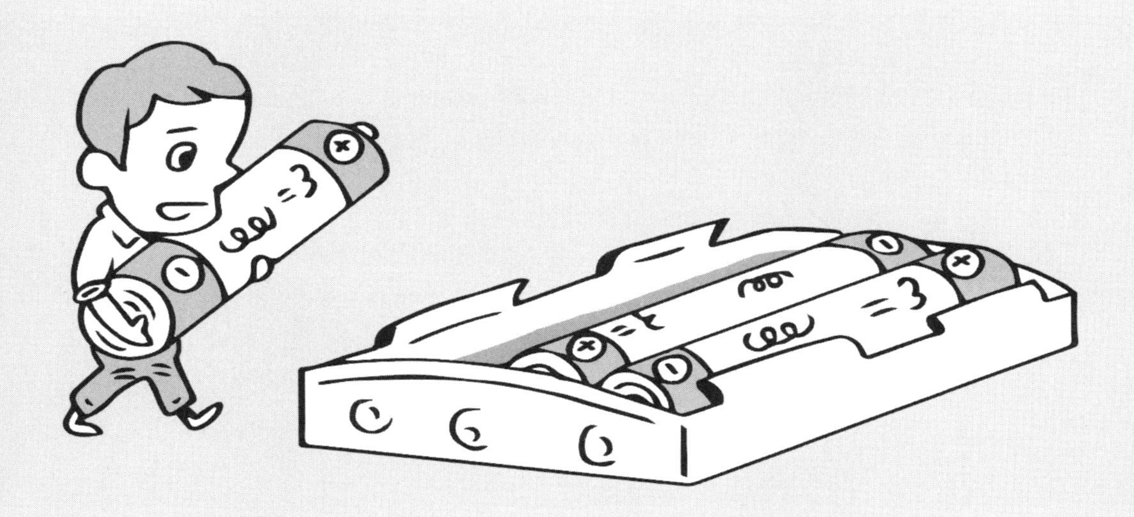

より実用的なセンサ端末を作るには

最初に、実用的なセンサ端末を作るための課題と、その課題に対処するためにどういう技術を選択するとよいかを整理します。

IoTシステムは、目的によりますが、数ヶ月、あるいはもっと長期に継続してデータを取り、傾向を調べたり、変化を検知したりします。したがって、目的に合った期間、安定してデータを測定し、送信する必要があります。

第3章で開発したセンサ端末はブレッドボード上に組み立てられ、Wi-Fiで通信し、USBケーブルから電源を得ています。ブレッドボードは部品や線材の抜き差しができて、プロトタイプ開発段階では便利ですが、長期稼働には適していません。ユニバーサル基板を使って部品をはんだ付けするか、専用の基板を作る必要があります。実用的なセンサ端末を作るには、ブレッドボードを通常の基板に変更することが前提になります。

通常の基板を使えば、この端末でもWi-Fiルータと100Vの商用電源が近くにあり、USBタイプのACアダプタを使うことで、端末を長期稼働させられます。実際にこのような端末でオフィスやハウス栽培のハウス内の温度、湿度を定期的に測定している事例もあります。

しかしより実用的なIoTセンサ端末を考えると、データを測定したい場所にセンサ端末を設置できる必要があります。センサ端末の設置場所は家やオフィス、山間部、水田の真ん中などアプリケーションによってさまざまです。端末に必要とされる要件も防水、防塵などもありますが、センサ端末の設置場所の自由度を上げるうえで共通の課題はネットワークと電源です。

ネットワークの課題

IoTセンサ端末は測定したセンサデータをクラウドに送信して、可視化したり分析処理したりします。センサ端末をクラウドにつなぐには、第1章で概観したように、Wi-FiやBluetoothなどのローカルネットワークを介してインターネットにつなぐ方法、3GやLTEといった携帯電話のネットワークを使う方法、LPWA(Low Power Wide Area)ネットワークを介してインターネットにつなぐ方法があります。

ネットワークは、通信方式によって通信できる距離に制約があるので、センサ端末を設置する場所で利用できるネットワークを選ぶ必要があります。

3G／LTEは非常に広いエリアをカバーしますし、LPWAも普及するにしたがってカバー範囲が広がっていくと期待されます。3G／LTEは携帯キャリアやMVNO事業者が提供するサービスですし、LPWAも、普及し始めているのは通信事業者が提供するサービスです。通信事業者が提供するサービスを使う場合は通信料金が発生するので、それを考慮する必要があります。

また、電波の送受信はセンサ端末の中でも電力消費の多い部分です。通信方式によって消費電力も異なります。BluetoothやLPWAはWi-Fiや3G／LTEに比べると消費電力が少ないといわれています。

監視カメラの映像を直接クラウドに送るようなアプリケーションであれば、ネットワークの通信速度を考える必要があります。カメラ以外のセンサのデータはデータ量が少ないので、ネットワークの速度はそれほど必要とされません。映像データについても、近年は端末や端末に近いところで処理してしまうのがトレンドです。したがって、IoTシステムでは通常、ネットワークの速度は大きな課題ではありません。

どんなネットワークを選択すべきか?

センサ端末を設置する場所の近くにWi-FiルータやBluetoothのゲートウェイがあるか、あるいは設置できれば、通信料がかからないWi-FiやBluetoothを介してインターネットにつなぐのがよいでしょう。通信距離は数十メートルですが、通信は周囲の環境の影響を受けるので、実際にセンサ端末を設置して試してみる必要があります。

消費電力の観点からはBluetoothが有利ですが、Bluetoothは上位プロトコルとしてTCP/IPが動かない注1ので、Bluetooth端末のデータをクラウドサービスに送るためにはプロトコルを変換するゲートウェイが必要になります。Wi-Fiは上位プロトコルとしてTCP/IPが動くので、端末から直接クラウドサービスに送ることができ、開発は楽になります。Bluetoothを使うかWi-Fiを使うかは、ゲートウェイ開発の手間と消費電力のどちらを優先するかで決めることになります。

センサ端末を設置する場所の近くにWi-FiルータやBluetoothのゲートウェイがない場合は、3G／LTEを使うのがよいでしょう。マイコンで使える3GやLTEの通信モジュールは電子部品の通販サイトでも入手できます。LPWAはカバー範囲はまだそれほど広くなく、通販サイトで入手できる通信モジュールも少ないので、今後の普及に期待です。

電源の課題

マイコンや多くのセンサは1.8Vから3.3Vあるいは5Vで動作します。この電源を得る手段としては100Vの商用電源にACアダプタをつないで得る方法、電池を使う方法、太陽電池など発電できる素子を使う方法があります。

100Vの商用電源は安定していて、日本ではあまり停電にもならないので、センサ端末の電源としてはとても使いやすいです。ただ、山間部や水田の真ん中など100Vの商用電源が得にくい場所があることが課題です。電源コンセントも数に限りがあり、大量のセンサ端末を設置しようとすると制約になります。もうひとつの課題は電源コードやACアダプタが見えてしまい、居間やオフィスなどの美観を損ねることです。

データ通信に無線ネットワークを使い、バッテリー駆動にするとセンサ端末はワイヤレスにでき、設置場所の自由度は高くなります。端末自体をキレイに作れば、美観を損ねることもなくなります。バッテリーの課題は寿命があることです。寿命より長くセンサ端末を動かすためにはバッテリーの交換あるいは充電が必要です。バッテリー交換や充電のためにセンサ端末の

注1） Bluetoothの上にTCP/IPを実装したものはありますが、実験的でポピュラーではありません。

設置場所に行く必要があるのは大きな制約です。

太陽電池などの発電素子と蓄電池を組み合わせる方法は、センサ端末の電源としては有望な技術です。太陽電池以外にも振動で発電する、水流で発電する、熱で発電するなどさまざまな方法があり、環境発電、あるいはエネルギーハーベスティングと呼ばれます。この方法は日射量、振動、水流など環境に依存して発電するので、発電の安定性が課題です。また、太陽電池以外は発電モジュールの入手性も課題です。

どんな電源を選択すべきか?

長期間データを測定したい場合で、100Vの商用電源が使えて、美観上の問題もあまり気にしなくてよいなら、100V電源とACアダプタの組み合わせがよいでしょう。電源が安定しているので、電源電圧をモニタリングする必要もありません。

100Vの商用電源が使えないか、使えても美観上の問題や電源コンセントの数の制約があるなら、バッテリーを選択します。バッテリーは寿命があるので、バッテリーを使う場合はセンサ端末の消費電力を下げる工夫をすると同時に、バッテリーの電圧データを取得し、本来取得したいセンサデータと合わせて定期的にクラウドサービスに送信し、電圧をモニタリングするとよいでしょう。バッテリーとしては、安価に入手できるアルカリ乾電池などが使いやすいです。

山間部などバッテリーの交換に行くのが困難な場所にセンサ端末を設置する場合は、太陽電池と蓄電池を組み合わせたものなどを使います。安定して発電、蓄電して、センサ端末を駆動できるかどうか、事前に十分な評価が必要です。また、バッテリーと同様に、太陽電池の設置後も蓄電池の電圧をクラウドサービスに送信してモニタリングするとよいでしょう。

より実用的なセンサ端末を作るうえでの共通の課題としてネットワークと電源について見てきました。本章ではこの後、電源にフォーカスし、端末をバッテリーで動作させるために消費電力を下げる方法について解説します。

間欠動作で消費電力を下げる

最近のCPUやマイコンはノートパソコンやスマートフォンのようにバッテリー駆動で使われるものが多く、CPUやマイコンが自分自身で消費する電力をコントロールできるようになっています。ここでは、センサ端末に多い間欠動作と、ESP32を例に最近のマイコンの消費電力制御について見ていきます。

間欠動作とは

センサ端末は定期的に稼働してデータを測定、送信し、後は次のタイミングまで待つという動作をするものが多くあります。侵入を監視するようなアプリケーション、たとえば害獣検知のようなアプリケーションは常時稼働している必要がありますが、温度、湿度、気圧、CO_2などを定期的に測定するアプリケーションでは、数分、あるいは数十分に一度データを測定し、測定データをクラウドサービスに送信して、後は次の測定タイミングまで待ちます。

第3章で開発した**プログラム3-6**のloop関数を見てみましょう。

```
void loop() {
    float temp = sensor.readTemperature();  // センサから温度を読む
    float humid = sensor.readHumidity();  // センサから湿度を読む
    Serial.printf("temp: %.2f, humid: %.2f/r/n", temp, humid);

    ambient.set(1, temp);  // Ambientのデータ1に温度をセットする
    ambient.set(2, humid);  // データ2に湿度をセットする
    ambient.send();  // Ambientに送信する

    delay(60 * 1000);
}
```

プログラム3-6のloop関数では、センサから温度と湿度を読み、クラウドサービスのAmbientに送信し、delay関数で60秒待っています。60秒経つとdelay関数から戻り、loop関数がいったん終わり、またloop関数が呼ばれて、同じ処理が繰り返されます。

delay関数は指定した時間待ちますが、その間、マイコンはすべての機能が使える状態になっています。

ESP32を始めとする最近のマイコンは自分自身の機能を部分的にオフにして消費電力を下げるスリープモードという機能があります。測定・送信から次の測定・送信までの間の待ち時間を、マイコンをスリープモードにして間欠動作させることで、消費電力を下げられます(**図4-1**)。

ESP32のDeep sleepモード

図4-2はESP32内部の機能ブロックを表したものです。中央にあるCPU、ROM、RAMがプログラムを実行するマイコンの処理本体です。その上にあるのがWi-FiとBluetoothの処理モジュールで、その右側にWi-FiとBluetoothで共通に使う無線モジュールがあります。CPUモジュールの右側はRSAなどの暗号化をおこなうモジュール、左側にはSPI、I^2Cなどを扱う周辺I/Oモジュールがあります。CPUモジュールの下にあるRTCと書かれたモジュールがリアルタイムクロックとULP(Ultra-Low-Power Co-processor)、リカバリメモリなどが含まれるモジュールで、マイコンの消費電力を管理するモジュールです。

ESP32などの最近のマイコンはこのような機能ブロック単位で機能をオフにすることでマイコンの消費電力をコントロールします。ESP32の場合は、**表4-1**の5つの動作モードがあり、消費電力がコントロールできます。

RTCモジュールのリカバリメモリは、スリープモード中もデータを保持してくれるメモリです。ハイバーネーションモードはリカバリメモリもオフになり、プログラムのデータが引き継げません。データが引き継げて一番消費電力の低いモードがDeep sleepモードです。Deep sleep

▽図4-1：スリープモードで消費電力を下げる

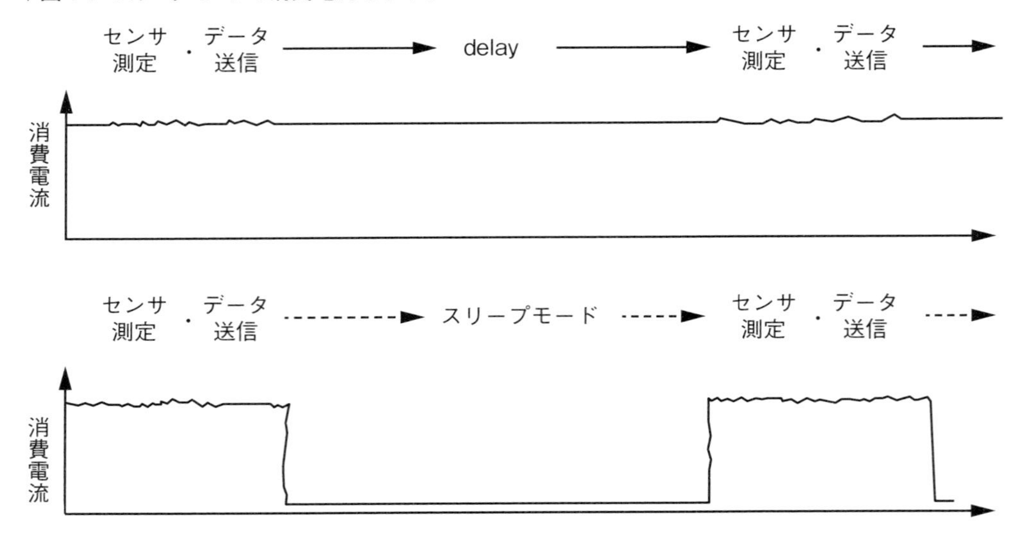

▽図4-2：ESP32内部の機能ブロック

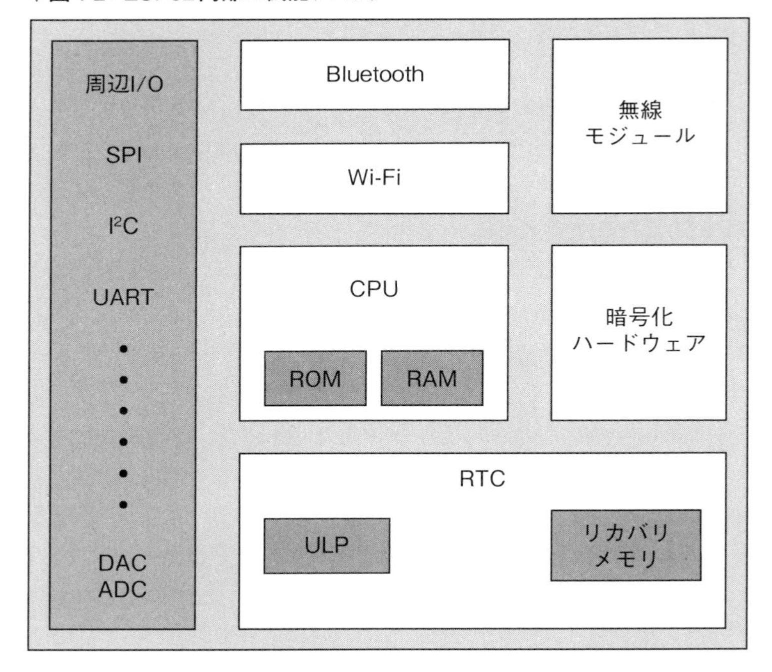

▽表4-1：通信関係：Wi-Fi、Bluetooth、無線モジュール

モード	CPU	通信関係	RTC	消費電力
アクティブ	ON	ON	ON	平均80mA
Modem sleep	ON	OFF	ON	30〜68mA
Light sleep	停止	OFF	ON	0.8mA
Deep sleep	OFF	OFF	ON	10〜150μA
ハイバーネーション	OFF	OFF	RTCタイマのみON	5μA

モードでは、CPUとWi-Fi、Bluetooth、無線モジュールがオフになり、RTCモジュールだけがオンです。消費電力は10〜150μAまで下がります。

ESP32をDeep sleepモードから復帰させるにはいくつかの方法があります。プログラムから使いやすいのはタイマを使う方法で、スリープ時間を指定しておくと、Deep sleepモードになってから指定した時間が経過すると復帰します。

ESP32はDeep sleepモードから復帰すると、プログラムの先頭、Arduinoプログラムでは`setup`関数からプログラムを開始します。

低消費電力な端末を開発する

ここからは実際にDeep sleepモードを使ってESP32を間欠動作させ、第3章で開発したセンサ端末を低消費電力化します。

バッテリーの接続

まず、第3章で開発したセンサ端末にバッテリーをつないで動かします。

▽写真4-1：センサ端末をバッテリー駆動する

ESP32開発ボードの「ESPr Developer 32」には安定化電源回路が搭載されていて、3.7Vから6.0Vの電源で動作します。USBケーブルから5Vを供給しても動きますし、Vinピンにバッテリーをつないで動かすこともできます。3.7Vから6.0Vの電源が必要なので、単3乾電池を3本使います(**写真4-1**)。

また、バッテリー電圧を見るために、バッテリー電圧をADコンバータで測ることにします。単3乾電池3本の電圧は4.5V程度で、ESP32に入力できるのは3.3Vまでなので、**図4-3**の回路図のように外部に100kΩの抵抗2つで分圧してESP32のピンに入力します。抵抗に流れる電流は次のとおり0.02mA程度となるので、マイコンの消費電流と比べると十分小さい値です。

抵抗に流れる電流 = 4.5V ÷ 200kΩ ≒ 0.02mA

第3章でアナログ温度センサの値を読むときには25番ピンを使いました。25番ピンは2個ある内蔵ADCの内のADC2につながれていて、Wi-Fi機能を使うときは使えません。そこでここではADC1につながる39番ピンを使っています。

これでどのくらいの時間センサ端末が動くかを概算しましょう。乾電池の持続時間は流す電流やオン・オフの条件、周囲の温度などによって大きく異なるので、以下は大雑把な目安であることにご注意ください。

まず、単3のアルカリ乾電池は20mAで140時間、100mAで20時間連続放電可能というデー

▽**図4-3：センサ端末をバッテリー駆動する**

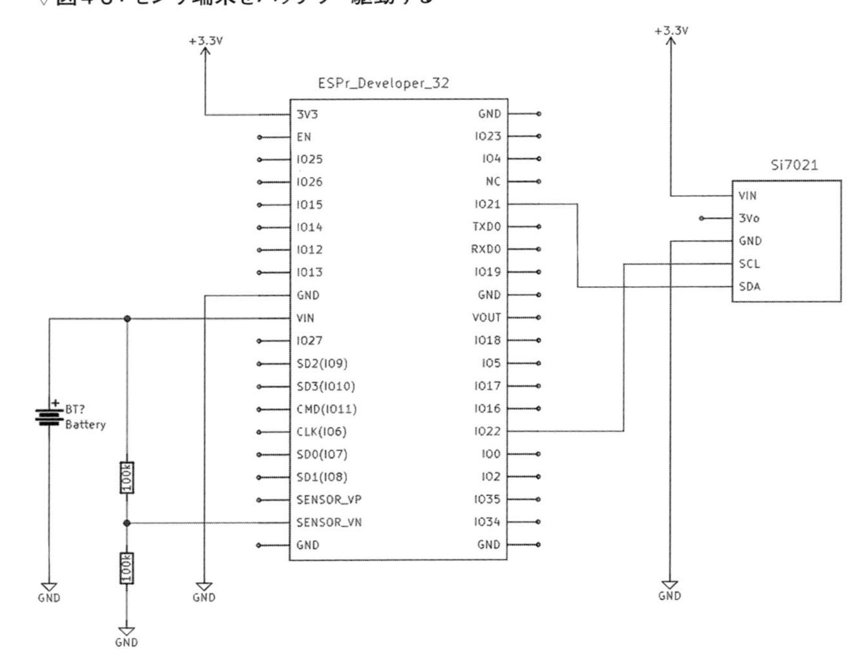

▽図4-4：プログラム3-6の消費電流

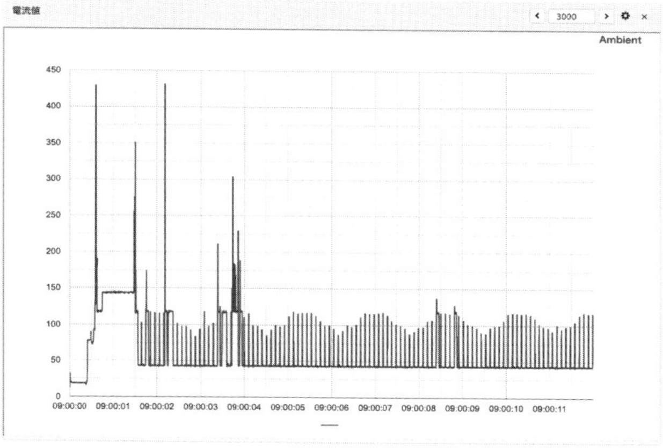

タがあります注2。電池容量は次のような関係式で算出できます。

電池容量(mAh)＝放電電流(mA)×連続放電時間(h)

したがって、アルカリ乾電池の電池容量は2,000〜2,800mAhです。

第3章の**プログラム3-6**の消費電流を、マイコンをリセットした直後から12秒間測ったものが**図4-4**です。横軸は時間で、縦軸は消費電流、単位はmAです。Wi-Fiネットワークに接続するのに2秒強、Ambientとセンサの初期化、センサから温度、湿度データを取得するのに100ミリ秒程度、Ambientへのデータ送信に1秒強の時間がかかっています。リセットから4秒ほどで`delay`関数を実行していますが、`delay`関数で待っている間もマイコンの全機能は使える状態にあり、48mA程度の電流を消費しています。また、定期的にWi-Fi接続を維持するための通信もおこなっています。全体を平均すると約49mAの電流が流れています。上の関係式からすると40から56時間、つまり2日程度動く計算です。

単純な間欠動作の実装

第3章のセンサ端末のプログラムを改造して`delay`関数ではなく、Deep sleepで待つようにします。また、温度、湿度を測定しているので、5分間隔で測定することにします。

ESP32をDeep sleepモードに移行させるには、`esp_deep_sleep`関数を使います。なお、ESP_IDF関数は、ESP32固有の機能を使う関数群です。

注2） パナソニックWebサイトより。 http://jpn.faq.panasonic.com/app/answers/detail/a_id/29060/

ESP_IDF関数

関数名

```
esp_deep_sleep(uint64_t time_in_us);
```

説明

Deep sleepモードに移行する。復帰後はプログラムの先頭から実行する

パラメータ

`time_in_us`: Deep sleepする時間（マイクロ秒）

戻り値

この関数は戻らない

例

```
esp_deep_sleep(sleeptime);
```

`esp_deep_sleep`関数を実行すると、ESP32はDeep sleepモードに移行し、復帰するとプログラムの先頭から実行を始めるので、この関数は戻りません。つまりこの関数の後にプログラムを書いても、その部分は実行されません。

プログラム全体を見てみましょう（**プログラム4-1**）。

▽プログラム4-1：Ambient_Si7021_ds.ino

```
#include <WiFi.h>
#include "Adafruit_Si7021.h"
#include <Ambient.h>

#define TIME_TO_SLEEP  300        /* Time ESP32 will go to sleep (in seconds) */

const char* ssid = "ssid";
const char* password = "password";

WiFiClient client;
Ambient ambient;

unsigned int channelId = 100; // AmbientのチャネルID
const char* writeKey = "writeKey"; // ライトキー

Adafruit_Si7021 sensor = Adafruit_Si7021();

#define BATTERY 39  // バッテリー電圧を測るピン

void setup(){
    unsigned long starttime = millis();  // 開始時刻を記録する  ----①
    Serial.begin(115200);
    while (!Serial) ;
```

```
    WiFi.begin(ssid, password);  // Wi-Fiネットワークに接続する  ----②
    while (WiFi.status() != WL_CONNECTED) {  // 接続したか調べる
        delay(500);
        Serial.print(".");
    }
    Serial.println("WiFi connected");
    Serial.print("IP address: ");
    Serial.println(WiFi.localIP());  // ローカルIPアドレスをプリントする

    // チャネルIDとライトキーを指定してAmbientの初期化  ----③
    ambient.begin(channelId, writeKey, &client);

    if (!sensor.begin()) {  // Si7021を初期化する  ----④
        Serial.println("Did not find Si7021 sensor!");
        while (true) ;
    }
    pinMode(BATTERY, INPUT);  // バッテリー測定ピンをINPUTモードにする  ----⑤

    float temp = sensor.readTemperature();  // センサから温度を読む  ----⑥
    float humid = sensor.readHumidity();  // センサから湿度を読む
    float vbat = (analogRead(BATTERY) / 4095.0 * 3.3 + 0.1132) * 2.0;
    Serial.printf("temp: %.2f, humid: %.2f, vbat: %.1f/r/n", temp, humid, vbat);

    ambient.set(1, temp);  // Ambientのデータ1に温度をセットする  ----⑦
    ambient.set(2, humid);  // データ2に湿度をセットする
    ambient.set(3, vbat);  // データ3にバッテリー電圧をセットする
    ambient.send();  // Ambientに送信する

    // Deep sleepする時間を計算する
    uint64_t sleeptime = TIME_TO_SLEEP * 1000000 - (millis() - starttime) * 1000;
    esp_deep_sleep(sleeptime);  // DeepSleepモードに移行  ----⑧
    // ここには戻らない
}

void loop(){
}
```

第4章

setup関数でシリアル回線の初期化をして、Wi-Fiルータに接続し(②)、Ambientとセンサの初期化をします(③、④)。ここまでは第3章の**プログラム3-6**とほぼ同じ処理です。バッテリー電圧を測定してAmbientに送信するので、バッテリー電圧をつないだピンをINPUTモードに設定します(⑤)。

プログラム3-6ではloop関数の中でセンサから温度、湿度を読み、Ambientに送信して、delay関数で待ちました。Deep sleepモードを使う場合、Deep sleepから復帰するとsetup関数の先頭から処理が実行されるので、センサからデータを読み(⑥)、クラウドサービスに送信する(⑦)といった周期処理はloop関数の中ではなく、setup関数の中に記述します。

delay関数を使ったときとDeep sleepモードを使ったときのプログラムの流れは**図4-5**のようになります。delay関数を使った場合(**図4-5 a**)はloop関数を繰り返し実行するのに対し、Deep sleepモードを使った場合(**図4-5 b**)はsetup関数を繰り返し実行します。

また、setup関数の先頭でmillisという関数を呼んでいます(①)。millisはプログラムが

▽図4-5：delay関数とDeep sleepモードのプログラムの流れ

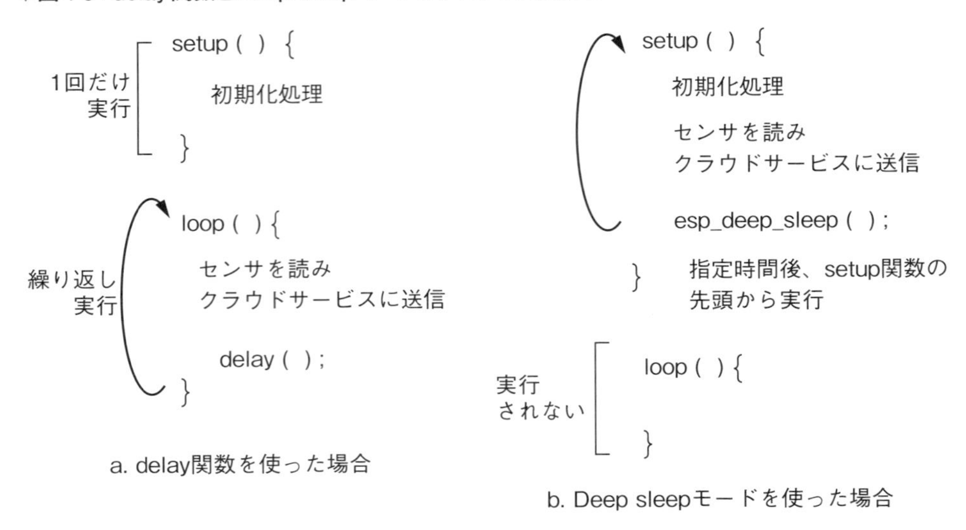

動き出してからの経過時間をミリ秒単位で返す関数です。

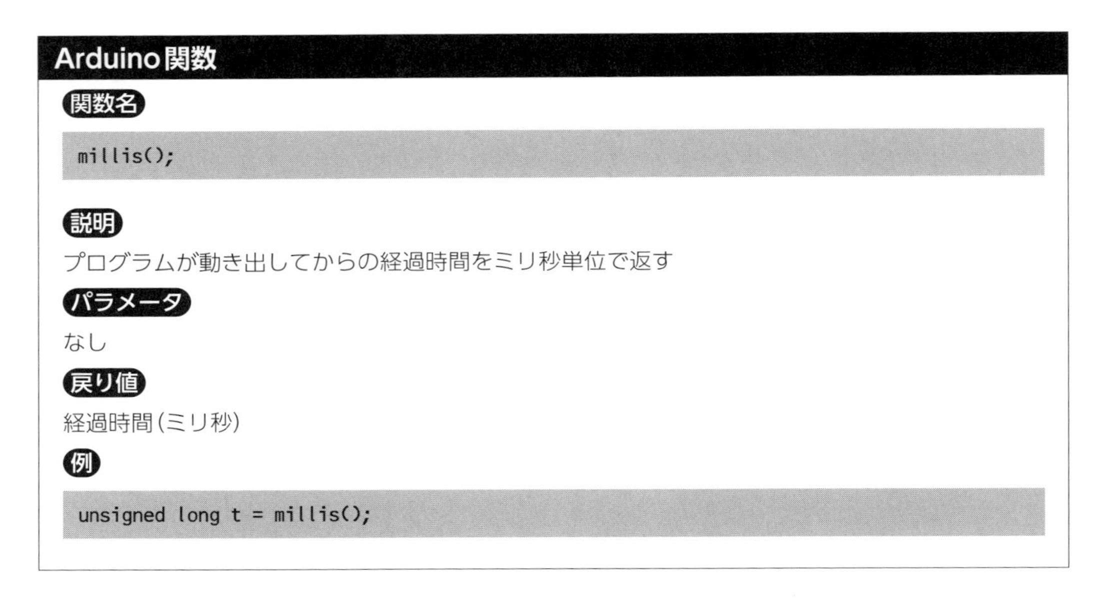

Arduino関数

関数名

```
millis();
```

説明

プログラムが動き出してからの経過時間をミリ秒単位で返す

パラメータ

なし

戻り値

経過時間(ミリ秒)

例

```
unsigned long t = millis();
```

ある処理にかかった時間を測るときは、その処理の前後で`millis`関数を呼び、経過時間の差分を取ることで処理にかかった時間が得られます。

```
unsigned long t1 = millis();  // この時点の経過時間をt1に記録する

測定対象の処理;

unsigned long t2 = millis();  // この時点の経過時間をt2に記録する
処理時間 = t2 - t1;
```

setup関数でおこなっているシリアル回線の初期化、Wi-Fiルータへの接続、Ambientとセンサの初期化、センサから温度、湿度の取得、Ambientへの送信には5秒程度かかります。**esp_deep_sleep**関数はDeep sleepする時間を指定しますが、300秒と指定すると、305秒程度の周期で測定・送信を繰り返すことになります。そこで周期時間の300秒から初期化から測定、送信の処理にかかる時間を引いて**esp_deep_sleep**関数を呼ぶことで、周期時間のズレを少なくしています。

プログラム4-1の消費電流を、マイコンをリセットした直後から測ったものが**図4-6**です。Wi-Fiネットワークへの接続、Ambientとセンサの初期化、センサからの温度、湿度データ取得、Ambientへのデータ送信の処理時間は**プログラム3-6**とほぼ同じで、その後Deep sleepモードに移行しています。Deep sleepモードに入ると消費電流は0.3mA程度に下がっています。データシートではESP32のDeep sleep中の消費電流は10〜150μAでしたが、実測ではセンサモジュールやマイコン開発ボードの安定化電源などの消費電流も含まれるため、ESP32自体の消費電流よりは多い値になっています。

この状態が約5分続き、5分経過するとESP32がDeep sleepから復帰し、プログラムの先頭に戻り、同じ動作を繰り返します。5分間の消費電流の平均を測ると1.37mAになりました。**delay**関数を使った**プログラム3-6**に比べて、同じハードウェアを使って消費電力を36分の1に下げられました。単純計算ですがアルカリ単3乾電池で60日から85日動く計算になります。

▽**図4-6：プログラム4-1の消費電流**

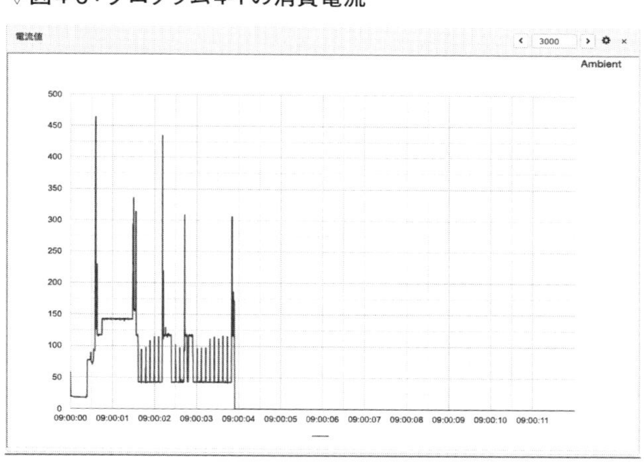

複数回の測定データをまとめて送信

センサ端末のデータ測定・送信から次の測定・送信までの間をDeep sleepモードにすることで、大幅に消費電力が下げられました。

プログラム4-1は5分ごとに毎回温度、湿度を測定し、データをクラウドサービスに送っています。測定から送信までは4秒程度かかりますが、その中でデータ測定は85ミリ秒程度で、4秒程度の処理時間のほとんどはWi-Fiネットワークへの接続とAmbientへの送信をおこなっています。そこで測定は5分ごとにおこない、データ送信は毎回おこなわず、何回かに1回まとめてデータ送信することで、測定間隔を変えずにさらに消費電力を下げられそうです。

たとえばDeep sleepから復帰したときに、6回中5回はデータの測定だけおこなって、データをメモリに記録し、すぐにまたDeep sleepします。6回目に復帰したときに前の5回のデータも合わせて6回分のデータをまとめて送信します(**図4-7**)。このためには、Deep sleepの間データをメモリに保持する必要があります。ESP32にはRTCモジュールの中にリカバリメモリという領域があり、その領域はDeep sleep中もデータが保持されます。データをリカバリメモリに割り付けるにはデータに`RTC_DATA_ATTR`という属性をつけて定義します。

プログラム全体を見てみましょう(**プログラム4-2**)。

▽図4-7：まとめて送信し、消費電力を下げる

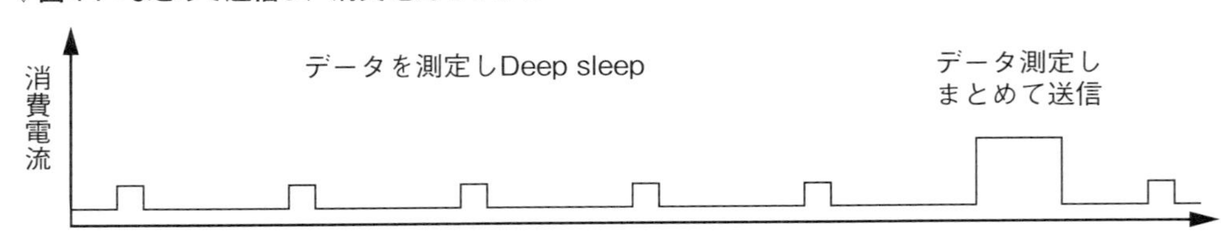

▽プログラム4-2：Ambient_Si7021_ds61.ino

```
#include <WiFi.h>
#include "Adafruit_Si7021.h"
#include <Ambient.h>
#include <time.h>

#define UTC     (3600 * 0)

#define TIME_TO_SLEEP  300        /* Time ESP32 will go to sleep (in seconds) */
#define SEND_CYCLE 6

RTC_DATA_ATTR int bootCount = 0;  // リカバリメモリに割り付ける  ----①
struct SensorData {
    float temp;
    float humid;
    float vbat;
};
```

```
RTC_DATA_ATTR SensorData sensorData[SEND_CYCLE];  // リカバリメモリに割り付ける  ----①

const char* ssid = "ssid";
const char* password = "password";

WiFiClient client;
Ambient ambient;

unsigned int channelId = 100; // AmbientのチャネルID
const char* writeKey = "writeKey"; // ライトキー

Adafruit_Si7021 sensor = Adafruit_Si7021();

#define BATTERY 39  // バッテリー電圧を測るピン

time_t getSntpTime() {  // インターネットから現在時刻を取得する  ----②
    time_t t;
    struct tm *tm;

    configTime(UTC, 0, "ntp.nict.jp", "ntp.jst.mfeed.ad.jp", NULL);

    t = time(NULL);
    tm = localtime(&t);
    while ((tm->tm_year + 1900) < 2000) {
        t = time(NULL);
        tm = localtime(&t);
        delay(100);
    }
    return t;
}

#define BUFSIZE 500

void sendDataToAmbient(time_t current) {  // AmbientでSEND_CYCLE回のデータを送る  ----③
    char buffer[BUFSIZE];

    ambient.begin(channelId, writeKey, &client); // チャネルIDとライトキーを指定してAmbientの初期化

    sprintf(buffer, "{/"writeKey/":/"%s/",/"data/":[", writeKey);
    for (int i = 0; i < SEND_CYCLE; i++) {
        time_t created = current - TIME_TO_SLEEP * (SEND_CYCLE - 1 - i);
        sprintf(&buffer[strlen(buffer)], "{/"created/":%d,/"time/":1,/"d1/":%2.1f,/"d2/":%.1
f,/"d3/":%.2f},",
                                    created, sensorData[i].temp, sensorData[i].humid,
sensorData[i].vbat);
    }
    buffer[strlen(buffer)-1] = '/0';
    sprintf(&buffer[strlen(buffer)], "]}/r/n");
    Serial.printf("%s", buffer);

    int n = ambient.bulk_send(buffer);
    Serial.printf("sent: %d/r/n", n);
}

void setup(){
    unsigned long starttime = millis();  // 開始時刻を記録する
    Serial.begin(115200);
    while (!Serial) ;
```

```
    Serial.printf("Boot count: %d/r/n", bootCount);

    if (!sensor.begin()) {  // Si7021を初期化する  ----④
        Serial.println("Did not find Si7021 sensor!");
        while (true) ;
    }
    pinMode(BATTERY, INPUT);  // バッテリー測定ピンをINPUTモードにする

    sensorData[bootCount].temp = sensor.readTemperature();  // センサから温度を読む  ----⑤
    sensorData[bootCount].humid = sensor.readHumidity();  // センサから湿度を読む
    sensorData[bootCount].vbat = (analogRead(BATTERY) / 4095.0 * 3.3 + 0.1132) * 2.0;
    Serial.printf("temp: %.2f, humid: %.2f, vbat: %.2f/r/n",
        sensorData[bootCount].temp, sensorData[bootCount].humid, sensorData[bootCount].
vbat);

    if (bootCount == (SEND_CYCLE - 1)) {  // 送信する回なら  ----⑥
        WiFi.begin(ssid, password);  // Wi-Fiネットワークに接続する
        while (WiFi.status() != WL_CONNECTED) {  // 接続したか調べる
            delay(500);
            Serial.print(".");
        }
        Serial.println("WiFi connected");
        Serial.print("IP address: ");
        Serial.println(WiFi.localIP());  // ローカルIPアドレスをプリントする

        time_t sntptime = getSntpTime();
        sendDataToAmbient(sntptime);
        bootCount = 0;  // bootCountを0に戻す
    } else {  // 送信する回でないなら  ----⑦
        bootCount++;  // bootCountを1増加させる
    }
    uint64_t sleeptime = TIME_TO_SLEEP * 1000000 - (millis() - starttime) * 1000;
    esp_deep_sleep(sleeptime);  // DeepSleepモードに移行  ----⑧
}

void loop(){
}
```

Deep sleepから何回目の復帰かをカウントする変数`bootCount`と、温度、湿度を保持する配列データ`sensorData`に`RTC_DATA_ATTR`という属性をつけてリカバリメモリに割り付けています(①)。

`setup`関数では、シリアル回線とセンサを初期化し(④)、センサから温度と湿度を読んでいます(⑤)。次に`bootCount`が送信する回かどうかを調べ、そうでないなら`bootCount`を1カウントアップして(⑦)、Deep sleepします。送信する回(⑥)はWi-Fiネットワークに接続し、ネットワークからSNTPというプロトコルで現在時刻を取得し(②)、`sendDataToAmbient`関数を呼びます(③)。

通常、Ambientに`ambient.send()`でデータを送信すると、Ambientサービスがデータを受け取った時刻をデータと合わせてデータベースに記録します。センサ端末で時刻の管理をする必要はありません。

Ambientには単純な`send`関数の他に、`bulk_send`という複数件のデータをまとめて送信する

関数が用意されています。

Ambientライブラリ

関数名

```
ambient.bulk_send(char *buf);
```

説明

複数件のデータをまとめてAmbientに送信する

パラメータ

buf: データへのポインタ

戻り値

実際に送信できたバイト数

パラメータについてはさらに説明が必要でしょう。データは次のような形式になります。


```
{
    "writeKey" :  "ライトキー",
    "data" : [
        {"created" : "YYYY-MM-DD HH:mm:ss.sss", "d1" :  "値", "d2" :  "値", ...},
        ...
        {"created" : "YYYY-MM-DD HH:mm:ss.sss", "d1" :  "値", "d2" :  "値", ...}
    ]
}
```

次のように **"time": 1** を指定すると、数値は「協定世界時(UTC)の1970年1月1日00:00:00からの秒」として扱われます。

```
{
    "writeKey" :  "ライトキー",
    "data" : [
        {"created" : 数値, "time" : 1,  "d1" : "値", "d2" : "値", ...},
        ...
        {"created" : 数値, "time" : 1,  "d1" : "値", "d2" : "値", ...}
    ]
}
```

sendDataToAmbient関数は、温度、湿度を保持する配列データ**sensorData**から6回分のデータを取得し、上記の形式のデータを作って、**bulk_send**関数を使ってAmbientに送信しています。

プログラム4-2の消費電流を、マイコンをリセットした直後から測ったものが**図4-8**です。プ

▽図4-8：プログラム4-2の測定だけして送信しない回の消費電流

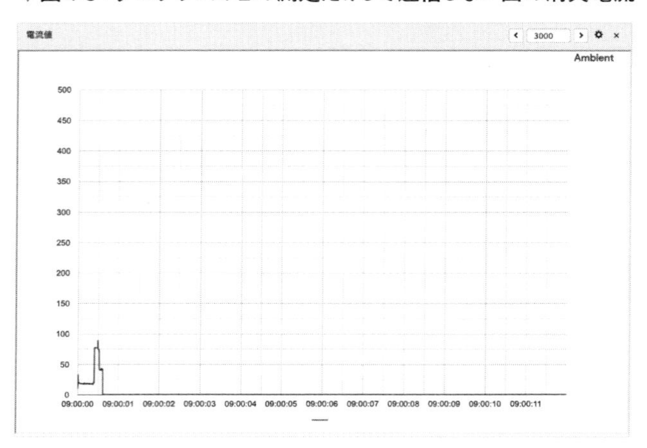

ログラムが動き出すとすぐに温度、湿度を測定してメモリに保存し、すぐにDeep sleepモードに移行しています。Wi-Fiネットワークに接続しない回の5分間の消費電流の平均は0.37mAになります。

先ほどと同様にWi-Fiネットワークに接続し、測定および送信する回の5分間の消費電流の平均を測定したところ1.38mAでした。Wi-Fiネットワークに接続せず、温度、湿度を測定するだけの回が6回中5回で、そのときの消費電流の平均は0.37mAです。したがって、全体で平均した消費電流は次のとおり0.54mAになります。

全体の平均消費電流＝(0.37mA × 5 + 1.38mA) ÷ 6 = 0.54mA

低消費電力化の評価

`delay`関数で待った場合、Deep sleepで待ち、毎回データ送信した場合、Deel sleepで待ち、6回に1回まとめて送信した場合の5分間の平均消費電流をまとめると**表4-2**のようになります。

▽表4-2：消費電力のまとめ

待ち方	平均消費電流(mA)	delay対比
delay関数	49	1
Deep sleepモードで待ち、毎回送信	1.37	0.028
Deep sleepモードで待ち、6回に1回送信	0.54	0.011

Column：センサ端末の消費電流測定

本章ではセンサ端末の消費電流を測定し、グラフ化しています。マイコンの消費電流はWi-Fi通信をおこなっているとき、通信以外の処理をしているとき、Deep sleepモードのときなど、マイコンの動作によって時間とともに変化します。時間とともに変化するデータを調べるためには、周期的にデータを測定して記録し、可視化して、データの傾向を確認します。マイコンの消費電流のように短時間に変化するデータを調べるには、数ミリ秒といった短い周期でデータを測定する必要があります。

消費電流の測定にはセンサ端末とは別にもう1台のマイコン(ESP32)と電流センサを使っています。**図4-a**のように、センサ端末のマイコン、センサとバッテリーの間に電流センサを入れて、バッテリーからマイコンとセンサに流れる電流を測っています。

電流センサは電流測定用のマイコンで制御しています。電流測定用のプログラムはArduinoで動いていて、4ミリ秒ごとに電流値を測定してメモリに記録し、3,000件のデータが溜まったら本章で紹介した**bulk_send**関数を使ってAmbientに送って可視化しています。4ミリ秒間隔のデータが3,000件なので12秒間の電流値の動きを調べています。

電流測定端末でセンサ端末の電流値を実測することで、Deep sleepモードを使ったとき、測定データをまとめて送信したときの消費電力の削減効果を定量的に把握できました。

▽図4-a：センサ端末の消費電流測定

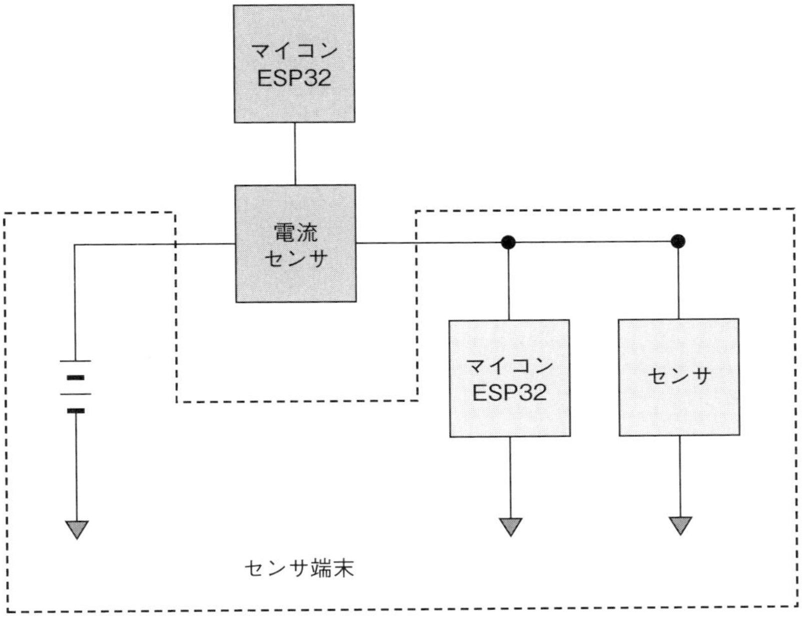

Deep sleepモードを使い、6回に1回まとめて送信すると、`delay`関数で単純に待った場合に比べて、消費電流を約90分の1に減らすことができました。あくまでも概算ですが、アルカリ単3乾電池で150～210日動かせる計算です。

ただし、測定データをまとめて送信する場合、たとえば今回の事例のように5分間隔で測定し、6回分のデータをまとめて送る場合、クラウド側に送られるデータは最大30分前のデータになります。どれだけの遅れが許されるかはアプリケーションに依存しますが、まとめて送る方法はデータ収集の遅れと消費電力のトレードオフになることに注意が必要です。

まとめ

本章では、センサ端末をより実用的にするための課題を整理し、特に電源に着目して第3章で開発したセンサ端末をバッテリーで長期間駆動できるようにプログラムを見直しました。

実用的な端末を作るためには、電源の他にも基板やケースなどが長期稼働に耐えるようにするといった課題がありますが、電源についての対策は理解できたと思います。

ここまではセンサ端末の開発環境としてArduinoを使ってきました。Arduinoはセンサモジュールのメーカーが提供するライブラリやサンプルプログラムも豊富ですし、開発事例もネット上に数多く公開されていて、参考になります。一方、ArduinoはC++言語をベースにしていて、文字列や配列などの扱いは煩雑です。

ESP32はArduinoの他にMicroPythonでもプログラミングできます。MicroPythonは文字列や配列などの扱いも簡単ですし、センサ制御のサポートもあります。第5章ではMicroPythonを使ってセンサ端末を開発します。

第5章

MicroPythonで制御する

——C++ではなく、おなじみのPythonで制御してみよう

第4章まではArduino開発環境を使いC++言語でセンサ端末を開発してきました。ArduinoはWeb上にセンサを制御するライブラリや開発事例などが数多く公開されていて便利ですが、文字列や配列データなどの操作は煩雑です。

本書で使っているマイコン「ESP32」はArduinoの他にMicroPythonでもプログラミングできます。MicroPythonはマイコンで動くPython 3の処理系で、少ないメモリでも動くように最適化されています。また、プログラムを入力すると即時実行して結果を返してくれる対話型インタプリタが提供されています。マイコンにつないだセンサが動作しているのかを確認するといった開発の初期段階ではとても効率的です。

本章ではこのMicroPythonを使い、マイコンやセンサを制御してIoT端末を開発します。Pythonの文法自体の説明はおこなわず、MicroPythonによる制御の方法やライブラリの使い方、独自ライブラリの作り方などを中心に説明します。

MicroPythonとは

MicroPythonはマイコンで動作するように最適化されたPython 3の処理系です。

MicroPythonは任意精度の整数、リスト、例外処理などの機能の他、入力したプログラムを即時実行して結果を返してくれる対話型インタプリタ、いわゆるREPL（Read Eval Print Loop）が提供されています。必要とされるメモリサイズは小さく、256kバイトのフラッシュメモリと16kバイトのRAMがあれば動作します。最初はpyboardという開発ボードを対象にして開発されましたが、今では多くのARMアーキテクチャのマイコンやESP8266、ESP32などで動作しています。

構文はPython 3.4をベースに作られていて、Python 3.5のasync/awaitなどが追加されています。また、Pythonの標準ライブラリのサブセットが提供されています。いくつかのMicroPython版のライブラリは、jsonライブラリに対するujsonのように、ライブラリ名に「micro」を表す「u」が付けられていて、サブセットであることを示すとともに、ユーザがその機能を拡張できるようになっています。

MicroPythonは**図5-1**のように、マイコン上で動作するMicroPythonファームウェアと呼ばれる実行エンジンの上でMicroPythonプログラムを動かします。MicroPythonファームウェアにはREPLとファイルシステムも含まれています。

MicroPythonの詳細はWeb上の「MicroPython ドキュメンテーション」[注1]で確認できます。

▽図5-1：MicroPython実行環境

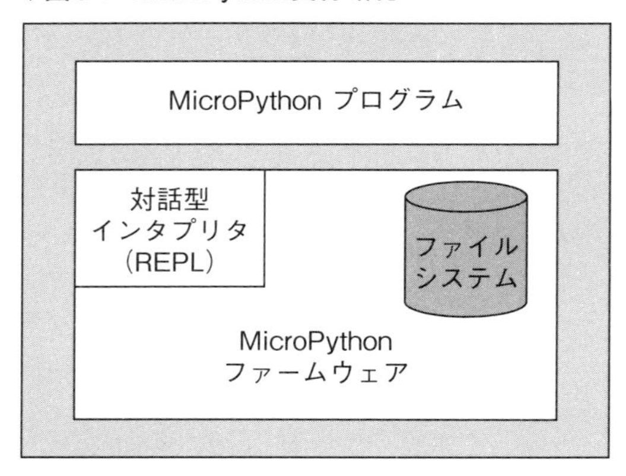

注1） https://micropython-docs-ja.readthedocs.io/ja/latest/

ArduinoとMicroPythonのメリットとデメリット

Arudino／C++とMicroPythonのいずれも、世界中の技術者やホビイストが利用しているポピュラーなプログラミング言語と開発環境です。Arudino／C++はマイコンやセンサの制御が比較的簡単におこなえますが、MicroPythonも`machine`モジュールを使うことで同じような制御ができます。

主観も含まれますが、Arduino／C++とMicroPythonのメリット、デメリットを挙げると次のようになるのではないでしょうか。

* Arduino/C++
  * メリット
    * センサライブラリや事例、作例が数多く公開されている
    * MicroPythonと比較すると実行速度が高速
    * 少ないメモリ量で動作する
    * 仕様が比較的安定している
  * デメリット
    * 文字列や配列などの扱いはやや煩雑
* MicroPython
  * メリット
    * REPLは1行ずつ実行結果を確認でき、特に初期の開発段階では非常に効率的
    * 画像認識、機械学習などに携わるPythonプログラマに馴染みやすい
    * 文字列、リストなどの操作は直感的にプログラミングできる
  * デメリット
    * Arduino／C++と比較すると必要なメモリ量が多い
    * メモリのガーベージコレクションが動く場合があり、リアルタイム性を必要とするアプリケーションには不向き
    * 仕様変更の頻度が高く、まだ仕様が不安定とも、発展中ともいえる

ガーベージコレクションについて補足しておきましょう。MicroPythonは実行系がメモリ管理をしてくれます。不要になったメモリエリアは放置しておいても、実行系がガーベージコレクションして再利用してくれます。ただし、ガーベージコレクションの際、マイコンの処理がそちらに振り向けられるので、通常のプログラム処理が遅くなります。このためリアルタイム性を必要とするアプリケーションには不向きです。本章で開発したプログラムでは発生しませんでしたが、急速にメモリを消費するようなプログラムでは、ガーベージコレクションをプログラムで明示的に起動しなければならない場合もあります。

開発環境を構築する

では早速、マイコン上でMicroPythonを動かすために**図5-2**のような開発環境を作っていきましょう。MicroPythonファームウェアはesptool.pyというコマンドを使ってマイコンに書き込みます。このコマンドはPythonで書かれているので、実行するためにパソコンにPythonが必要です。また、MicroPythonプログラムをマイコンのファイルシステムに転送するためにampyというコマンドを使います。

開発環境の構築は次のステップで進めます。

1. MicroPythonファームウェアをパソコンにダウンロードする
2. パソコンにPython 3をインストールする
3. パソコンにesptools.pyとampyをインストールする
4. esptool.pyでMicroPythonファームウェアをマイコンに書き込む
5. REPLで動作確認する

なお、説明はWindows 10をベースに進めますが、macOSでも同じ流れで環境を構築できます。

MicroPythonファームウェアのダウンロード

MicroPython公式サイトのダウンロードページ注2から最新のMicroPythonファームウェアを

▽図5-2：MicroPythonの開発環境

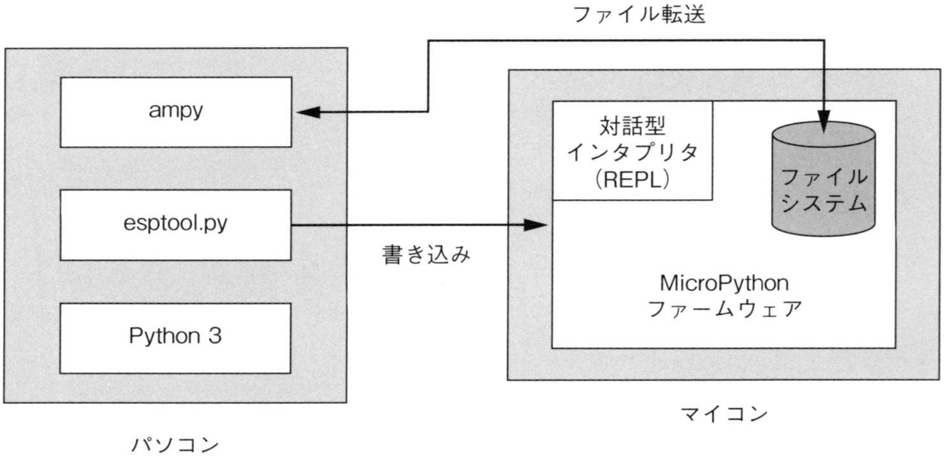

注2） https://micropython.org/download#esp32

▽図5-3：MicroPythonファームウェアをダウンロードする

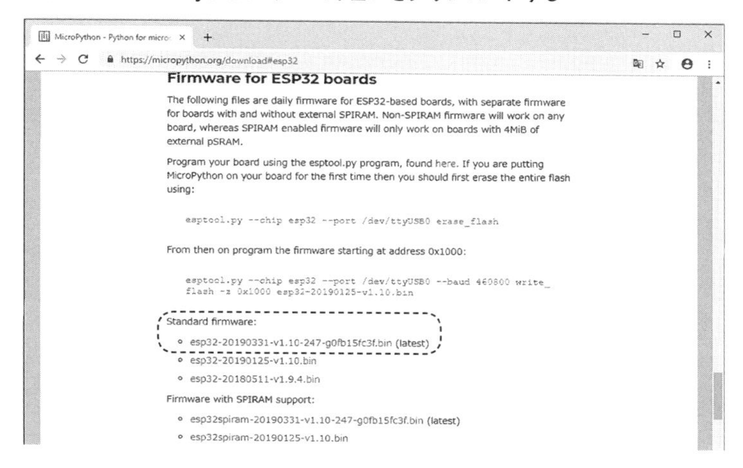

パソコンにダウンロードします。

「Firmware for ESP32 boards」の「Standard Firmware」の最新版(latest)をダウンロードします(**図5-3**)。その下にある「Firmware with SPIRAM support」は4Mバイト以上のpSRAMのあるボード用のファームウェアなので、ここでは使いません。

パソコンにPython 3をインストールする

次にパソコンにPython 3をインストールします。これはマイコンにファームウェアを書き込むesptool.pyやampyというコマンドを動かすために必要です。

Pythonの公式サイトのダウンロードページ注3から「Download Python 3.x.x」の部分をクリック

▽図5-4：Python 3をダウンロードする

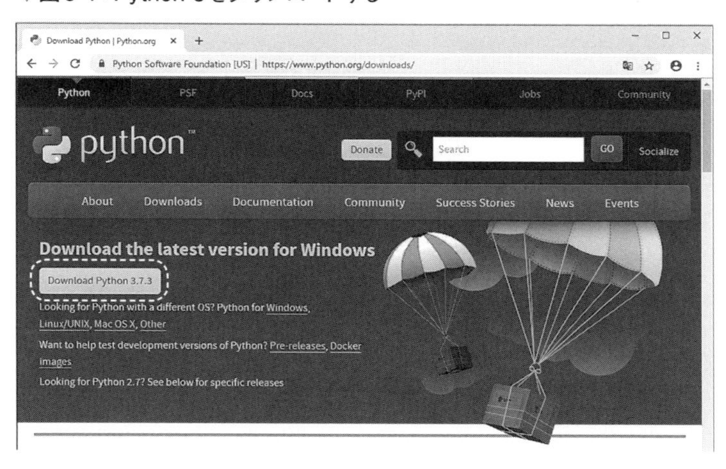

注3) https://www.python.org/downloads/

し、最新のPython 3をダウンロードします(**図5-4**)。原稿執筆時点(2019年4月)の最新版は3.7.3です。

ダウンロードしたpython-3.x.x.exeを起動すると、**図5-5**のようなランチャーが起動します。「Add Python 3.7 to PATH」にチェックを入れて、「Install Now」を選択します。しばらくすると「Setup was successful」と表示されてインストールが完了します。

パソコンでコマンドプロンプトを起動して`python -V`と入力し、「Python 3.x.x」とインストールしたバージョンが表示されればインストール成功です(**図5-6**)。

▽**図5-5：Python 3をインストールする**

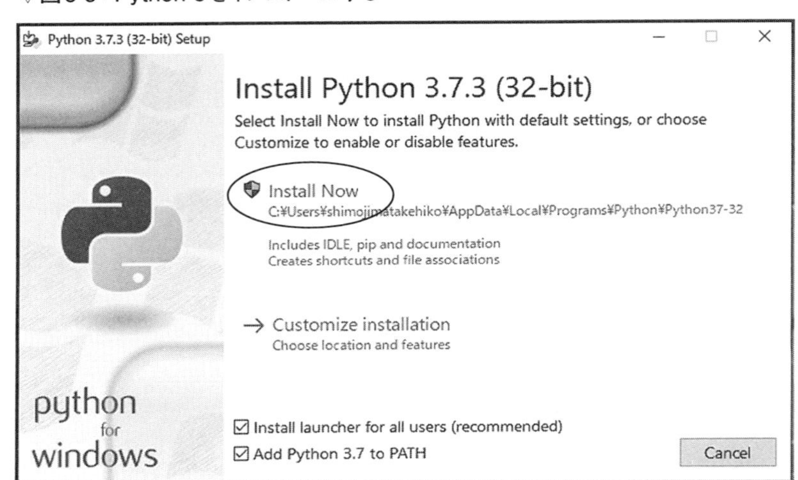

▽**図5-6：Python 3の動作確認**

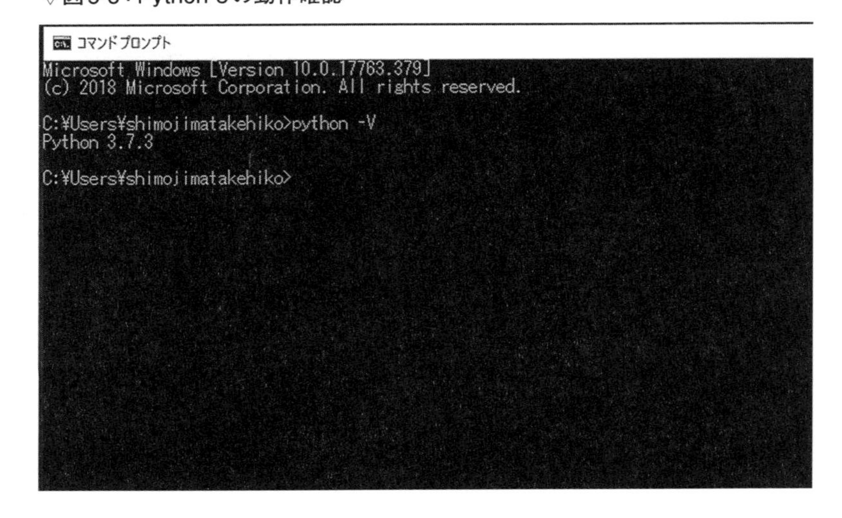

パソコンにesptools.pyとampyをインストールする

パソコンにPython 3をインストールできたら、MicroPythonファームウェアをマイコンに書き込むためのesptool.pyをインストールします。コマンドプロンプトでpip install esptoolと入力して、esptool.pyをインストールします。インストールしたら、esptool.py versionと入力して、バージョンが表示されればインストール成功です。コマンドとして起動するときはesptoolではなく、esptool.pyと入力します。

```
> pip install esptool

> esptool.py version
esptool.py v2.6
2.6
```

次にパソコンからマイコンのMicroPythonにファイルを転送するampyというコマンドをインストールします。コマンドプロンプトでpip install adafruit-ampyと入力してampyをインストールします。インストールしたら、ampy --versionと入力して、バージョンが表示されればインストール成功です。

```
> pip install adafruit-ampy

> ampy --version
ampy, version 1.0.7
```

ここまででパソコン上のツールは準備完了です。

esptool.pyでMicroPythonファームウェアをマイコンに書き込む

次にesptool.pyを使ってパソコンにダウンロードしたMicroPythonファームウェアをマイコンに書き込みます。

ESP32開発ボードをUSBケーブルでパソコンとつなぎます。パソコンでデバイスマネージャーを立ち上げ、「ポート(COMとLPT)」をクリックしてUSB Serial PortのCOM番号を確認します(図5-7)。

パソコンとマイコンの接続がうまくいっていることを確認するために、コマンドプロンプトから次のように入力し、esptool.pyを使ってESP32のフラッシュメモリの情報を読んでみます。--portの次のCOM4は実際にマイコンがつながっているCOM番号に置き換えてください。

第5章

▽図5-7：COMポート番号を確認する

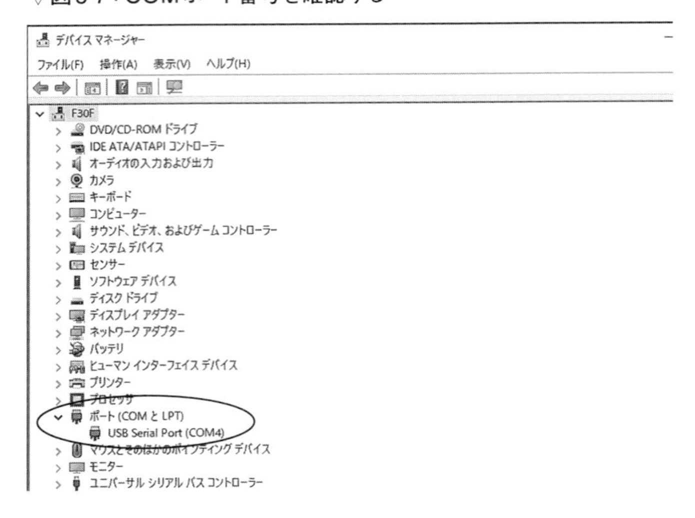


```
> esptool.py --port COM4 flash_id
esptool.py v2.6
Serial port COM4
Connecting........_
Detecting chip type... ESP32
Chip is ESP32D0WDQ6 (revision 0)
Features: WiFi, BT, Dual Core, Coding Scheme None
MAC: 24:0a:c4:07:69:74
Uploading stub...
Running stub...
Stub running...
Manufacturer: c8
Device: 4016
Detected flash size: 4MB
Hard resetting via RTS pin...
```

esptool.pyがマイコンと通信し、チップタイプ(ESP32)やフラッシュメモリのサイズ(4MB)などの情報を取得して表示します。

MicroPythonファームウェアをマイコンに書き込むときは、最初に、マイコンのフラッシュメモリを消去します。

```
> esptool.py --port COM4 erase_flash
```

そしてダウンロードしたMicroPythonファームウェアを次のようにマイコンに書き込みます。

▽図5-8：MicroPythonの動作確認

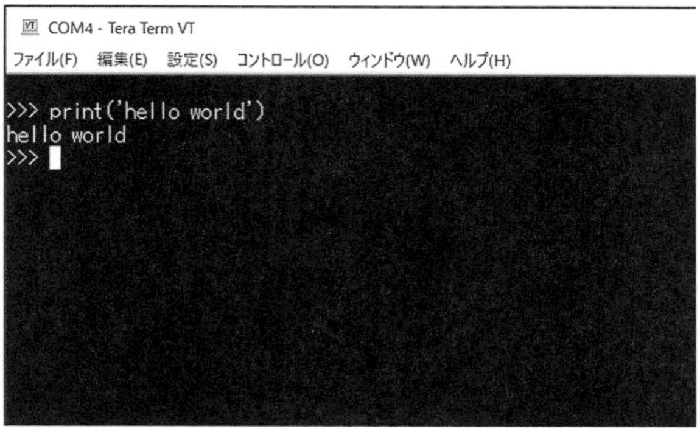

```
COM4 - Tera Term VT
ファイル(F) 編集(E) 設定(S) コントロール(O) ウィンドウ(W) ヘルプ(H)
>>> print('hello world')
hello world
>>>
```

```
> esptool.py --chip esp32 --port COM4 write_flash -z 0x1000 ダウンロードしたファームウェア.bin
```

これでマイコンでMicroPythonを動かす準備ができました。

対話型インタプリタREPLで動作確認する

Tera Termのようなターミナルソフトを使い、パソコンからマイコンに接続します。通信速度は115200baudに設定してください。リターンキーを押すと、**図5-8**のようにMicroPythonのREPLのプロンプト(**>>>**)が表示されます。`print('hello world')`と入力すると、「hello world」と表示されます。

まだ実感はありませんが、マイコン上でMicroPythonが動作しました！

Arduino環境に戻すには

マイコンにMicroPythonファームウェアを書き込み、MicroPythonを動かすことができました。同じマイコンでまたArduinoプログラムを動かすにはどうしたらよいでしょう？

心配はいりません。Arduinoプログラムを動かすときは、パソコンでArduino IDEを立ち上げ、「ビルドしてダウンロードする」ボタンをクリックしてプログラムをマイコンにダウンロードすれば、Arduinoプログラムが動きます。

再度MicroPythonを動かすときは、esptool.pyでフラッシュメモリを消去し、MicroPythonファームウェアを書き込めば、MicoPythonが動くようになります。

このように1つのマイコンをArduinoでもMicroPythonでも使うことができます。

MicroPythonで端末にアクセスする

パソコンとESP32上にMicroPythonの開発環境と実行環境ができたので、第2章から第4章までArduinoで開発したプログラムをMicroPythonで動かしてみます。

LEDの制御

まずはMicroPythonでLEDを点滅させます。マイコンとLEDの接続は第2章の「図2-18：Lチカの実体配線図」と同じです（**図5-9**）。

Tera TermのようなターミナルソフトでパソコンからマイコンにLED接続し、REPLのプロンプトから次のMicroPythonプログラムを1行ずつ入力してみましょう。

```
>>> from machine import Pin
>>> led = Pin(25, Pin.OUT)
>>> led.on()
>>> led.off()
```

`led.on()`という行を入力したところでLEDが点灯し、`led.off()`を入力するとLEDが消えるのが確認できます。MicroPythonでマイコンからハードウェアの制御がおこなえました。しかもREPLを使うと、これらの制御を対話的におこなえます。Arduinoのようにプログラムをビルドする必要がないので、修正の多い開発の初期段階では特に効率的です。

これ以降、「`>>>`」と書かれているところはREPLの入出力を表します。

MicroPythonでマイコンのハードウェアを制御するモジュールが`machine`モジュールです。

▽図5-9：Lチカの実体配線図

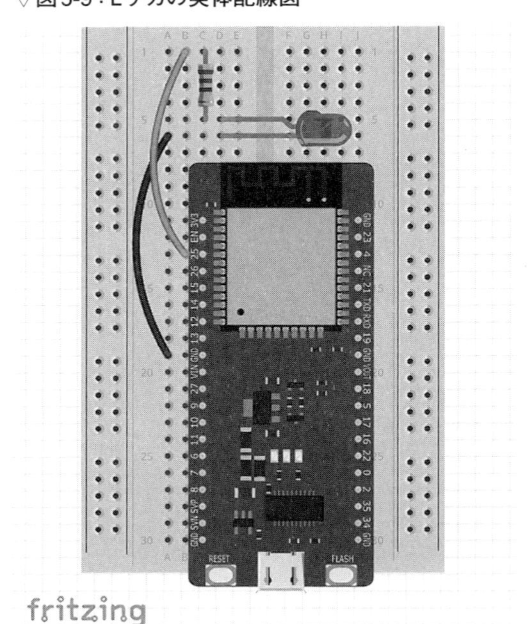

その中のPinクラスがマイコンのピンを制御するクラスです。ArduinoではpinMode関数でピンの動作モードを設定し、digitalWrite関数でピンの出力をHIGHかLOWに設定しましたが、それに相当する制御ができます。

Pinクラスには次のような関数が用意されています。

```
# machineモジュール Pinクラス
from machine import Pin  # インポート

pin = Pin(25, Pin.OUT)   # ピン番号25を制御するオブジェクトを生成し、出力モードに設定する
Pin.on()                 # ピンの出力をon：HIGHレベル（3.3V）に設定
Pin.off()                # ピンの出力をoff：LOWレベル（0V）に設定
Pin.value(1)             # ピンの出力をon/highに設定
Pin.value(0)             # ピンの出力をoff/lowに設定
```

Arduinoのdelay関数に相当するプログラムの待ちはtimeモジュールでおこないます。

```
# timeモジュール
import time            # インポート

time.sleep(1)          # 1秒待つ
time.sleep_ms(500)     # 500ミリ秒待つ
time.sleep_us(10)      # 10マイクロ秒待つ
t = time.ticks_ms()    # 経過時間をミリ秒で取得
t = time.ticks_us()    # 経過時間をマイクロ秒で取得
```

REPLから次のプログラムを入力してみましょう。「#」から右側はコメントなので、入力する必要はありません。

```
>>> from machine import Pin
>>> import time
>>> led = Pin(25, Pin.OUT)
>>> while True:
...     led.on()       # 自動的にインデントされる
...     time.sleep(0.5)
...     led.off()
...     time.sleep(0.5)
...                    # インデントされるので、1文字削除して改行する
```

LEDが0.5秒ずつ点滅するのが確認できます。whileループを終わらせるには、キーボードからCTRL-Cを入力します。

REPLに毎回プログラムを入力するのは面倒ですが、REPLにはペーストモードという機能があり、コピーした文字列をペーストできます。たとえば先ほどのプログラムをlchika.pyというファイルにしたうえで（**プログラム5-1**）、そのファイルの先頭から最後までをCTRL-Cでコピーします。

▽プログラム5-1：lchika.py

```
from machine import Pin  # machineモジュールのPinクラスをインポート
import time  # timeモジュールをインポート
led = Pin(25, Pin.OUT)  # Pinオブジェクトを生成し、25番ピンを出力モードに設定
while True:
    led.on()          # ledをオン
    time.sleep(0.5)  # 0.5秒待つ
    led.off()         # ledをオフ
    time.sleep(0.5)  # 0.5秒待つ
```

REPLでCTRL-Eを入力すると、REPLがペーストモードになります。その状態でCTRL-Vを入力すると、先ほどコピーしたプログラムがペーストされます。CTRL-Dを入力するとペーストモードが終わり、ペーストしたプログラムが実行されます。便利な機能なので覚えておくとよいでしょう。

```
>>>    # ここでCTRL-Eを入力すると、ペーストモードになる
paste mode; Ctrl-C to cancel, Ctrl-D to finish   # ここでCTRL-Vを入力する
=== from machine import Pin
=== import time
=== led = Pin(25, Pin.OUT)
=== while True:
===     led.on()
===     time.sleep(0.5)
===     led.off()
        # 最後にCTRL-Dを入力すると通常モードに戻り、ペーストしたプログラムが実行される
===     time.sleep(0.5)
```

machineモジュールにはPinクラス以外にも次のようなクラスが用意されています。

* ADC：ADコンバータ制御
* DAC：DAコンバータ制御
* I2C：I²C通信制御
* PWM：パルス幅変調（PWM）制御
* Pin：ピン制御
* RTC：リアルタイムクロック
* SPI：SPI通信制御
* Signal：ピン制御
* Timer：タイマ制御
* TouchPad：静電容量タッチ制御
* UART：シリアル通信制御
* WDT：ウォッチドッグタイマ

プログラムをファイルにしてマイコンに転送し、実行する

MicroPythonファームウェアには内部ファイルシステムがあり、そこにプログラムファイルを転送して実行できます。ファイル転送にはampyコマンドを使います。

まずパソコンとマイコンをUSBケーブルでつなぎます。コマンドプロンプトで次のようにするとマイコンの内部ファイルシステムの中身が調べられます。`--port`の次の`COM4`は実際にマイコンがつながっているCOM番号に置き換えてください。

```
> ampy --port COM4 ls
/boot.py
```

マイコンがつながっているCOM番号を`AMPY_PORT`環境変数にセットしておくと、COM番号を毎回指定しなくてよくなるので、便利です。

```
> set AMPY_PORT=COM4
> ampy ls
/boot.py
```

先ほどのlchika.pyをマイコンのファイルシステムに転送してみます。

```
> ampy put lchika.py

> ampy ls
/boot.py
/lchika.py
```

この状態でREPLから次のようにlchika.pyをインポートして実行できます。

```
>>> import lchika
```

ampyには次のコマンドがあります。

* get：マイコンからパソコンにファイルを転送する
* ls：マイコンのファイルを調べる
* mkdir：マイコンのファイルシステムでディレクトリを作る
* put：パソコンからマイコンにファイルを転送する

* reset：マイコンをリセットする
* rm：マイコン上のファイルを削除する
* rmdir：マイコン上のディレクトリとその下のファイルを削除する
* run：パソコンのファイルをマイコン上で実行する

アナログ温度センサへのアクセス

MicroPythonでLチカができたので、次にアナログ温度センサにアクセスしてみます。

アナログセンサの値はESP32に内蔵されるADコンバータでデジタル化します。Arduinoでは内蔵ADコンバータの値はanalogRead関数で読みましたが、MicroPythonでは次のようにmachineモジュールのADCクラスを使います。

```
# machineモジュール ADCクラス
from machine import ADC        # インポート

adc = ADC(Pin(35))             # ADCピンのADCオブジェクトを作成
ADC.atten(ADC.ATTN_11DB)       # 11dBの入力減衰率を設定(電圧範囲はおよそ0.0v～3.6v)
ADC.read()                     # ピンの電圧を0～4095の値で読込み
```

ESP32の内蔵ADコンバータは実は0.0Vから1.0Vまでを変換していて、ピンとADコンバータの間に減衰器があり、減衰率を制御することでピンに入力する電圧を変えられます。Arduinoではデフォルトで11dBの減衰率が設定され、0.0Vから3.6Vまでの電圧がピンに入力できました。MicroPythonではデフォルトでは0dBの減衰率が設定され、0.0Vから1.0Vの電圧が入力できる状態になっています。3.6Vまでの電圧を扱うためには明示的に11dBの減衰率を設定する必要があります。

減衰率を設定するADC.attenメソッドには次の値が指定できます。

* ADC.ATTN_0DB：0dBの減衰率で、0.0Vから1.00Vの入力電圧。デフォルト設定
* ADC.ATTN_2_5DB：2.5dBの減衰率で、0.0Vから約1.34Vの入力電圧
* ADC.ATTN_6DB：6dBの減衰率で、0.0Vから約2.00Vの入力電圧
* ADC.ATTN_11DB：11dBの減衰率で、0.0Vから約3.6vの入力電圧

ESP32の内蔵ADコンバータはADC1とADC2の2個があります。ADC2はWi－Fiドライバでも使われるため、Wi-Fi機能を使うときはADC2は使えません。ArduinoではWi-Fi機能を使っていなければADC2は使えましたが、MicroPythonではADC2につながるピンを指定するとエラーとなってしまい、ADC1につながるピン34、35、36、39だけが使えます。

第3章に載せたADコンバータで使えるピンのリストを再掲します。

* ADC1：34、35、36、39ピン
* ADC2：4、13、14、25、26、27ピン。ただし、Wi-Fi機能を使うときはADC2は使えない
  * MicroPythonでは指定できない

それでは実際に接続して試してみましょう。第3章ではアナログ温度センサの電圧を25番ピンに入力しましたが、ここでは35番ピンに入力します（**図5-10**）。

ESP32とLM61BIZをつないだら、早速REPLでセンサにアクセスしてみましょう。

```
>>> from machine import ADC, Pin  # machineモジュールのADCクラスとPinクラスをインポート
>>> adc = ADC(Pin(35))            # 35番ピンを制御するADCオブジェクトを生成
>>> adc.atten(ADC.ATTN_11DB)      # 減衰率を11dBに設定
>>> adc.read()                    # ADCの値を読む
859
>>> adc.read() / 4095 * 3.3 + 0.1132  # ADCの値を電圧に変換する
0.802211
>>> (adc.read() / 4095 * 3.3 + 0.1132 - 0.6) / 0.01  # 電圧から温度を計算する
20.2211
```

`adc.read()`でADコンバータの値を読みます。次にADコンバータの値を電圧に変換しますが、第3章でも説明したように、ESP32の内蔵ADコンバータは値の補正が必要なので、補正

▽図5-10：ESP32とLM61BIZの回路図

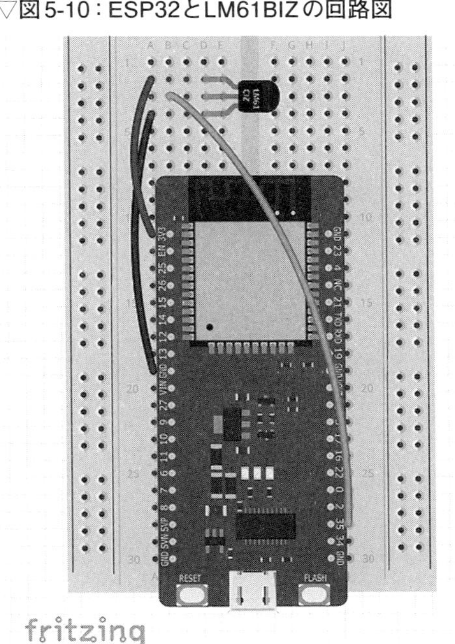

▽プログラム5-2：lm61biz.py

```
from machine import ADC, Pin  # machineモジュールのADCクラスとPinクラスをインポート
import time                   # timeモジュールをインポート
adc = ADC(Pin(35))            # 35番ピンを制御するADCオブジェクトを生成
adc.atten(ADC.ATTN_11DB)      # 減衰率を11dBに設定
while True:
    temp = (adc.read() / 4095 * 3.3 + 0.1132 - 0.6) / 0.01  # ADコンバータの値から温度を求める
    print(temp)
    time.sleep(1)             # 1秒待つ
```

を加えています。

第3章の**プログラム3-1**と同じように、1秒ごとに温度を測ってシリアル回線に出力するプログラムは**プログラム5-2**のようになります。

コマンドプロンプトからampyコマンドでこのプログラムをマイコンに転送します。

```
> ampy put lm61biz.py
```

REPLでこのプログラムをインポートすると、1秒ごとに温度を測定し、表示するのが確認できます。プログラムはCTRL-Cを入力すると止められます。

```
>>> import lm61biz
21.67165
21.75223
21.67165
21.51048
```

第3章ではADコンバータのノイズ対策として複数回測定して平均を取りました。ノイズの影響を受けるのはMicroPythonでも同じです。ノイズ対策をMicroPythonでおこなうと、**プログ**

▽プログラム5-3：lm61biz_nr.py

```
from machine import ADC, Pin  # machineモジュールのADCクラスとPinクラスをインポート
import time                   # timeモジュールをインポート
adc = ADC(Pin(35))            # 35番ピンを制御するADCオブジェクトを生成
adc.atten(ADC.ATTN_11DB)      # 減衰率を11dBに設定
while True:
    val = []                  # ADC値の空のリストを作る     ----①
    for i in range(20):       # 複数回データを測定する
        val.append(adc.read())  # データを測定し、リストに追加
    mean_val = sum(val) / len(val)  # 平均値を求める     ----②
    temp = (mean_val / 4095 * 3.3 + 0.1132 - 0.6) / 0.01  # 温度を計算
    print(temp)
    time.sleep(1)             # 1秒待つ
```

ラム5-3のようになります。

①から②までがノイズ対策の部分で、valという空のリストを作り、複数回センサデータを測定し、値をリストに追加し、最後に平均を求めています。

デジタル温度センサへのアクセス

次は第3章で使ったデジタル温湿度センサSi7021にMicroPythonでアクセスします。Si7021はマイコンとI^2Cで通信しました。MicroPythonでのI^2C通信は、次のようにmachineモジュールのI2Cクラスでおこないます。

```
# machineモジュール I2Cクラス
from machine import I2C  # インポート

I2C(scl=Pin(22), sda=Pin(21)[, freq=100000])  # オブジェクトを生成

# I2Cバスに接続されているデバイスのI2Cアドレスを調べる
I2C.scan()
I2C.readfrom(addr, nbytes[, stop=True])   # I2Cアドレスaddrのデバイスからnbytesバイト読み込む
I2C.writeto(addr, buf[, stop=True])       # I2Cアドレスaddrのデバイスにbufのデータを書き込む
```

I2CクラスのコンストラクタのfreqはI^2C通信の周波数でオプションです。デフォルトは100kHzです。I2C.readfromとI2C.writetoのstopもオプションで、TrueにするとI^2C通信後にバスを解放します。

こちらも実際に接続して試してみましょう。マイコンとの接続は第3章の図3-16と同じです（図5-11）。

▽図5-11：ESP32とSi7021の接続

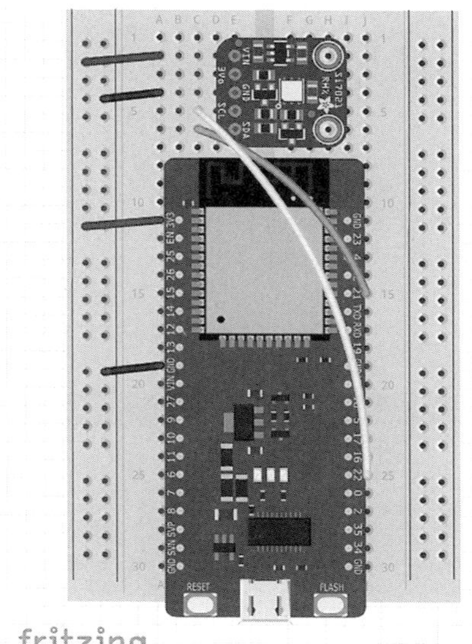

パソコンとマイコンをUSBケーブルでつなぎ、ターミナルソフトでマイコンに接続します。REPLから次のように入力してみましょう。

```
>>> from machine import Pin, I2C
>>> i2c = I2C(scl = Pin(22), sda = Pin(21))
>>> i2c.scan()
[64]
>>> print('0x%x' % i2c.scan()[0])
0x40
```

I^2C通信をおこなうには、まずマイコンのSCLとSDAに使っているピンを指定して、**I2C**オブジェクトを生成します。

I2C.scanメソッドはI^2CバスにつながっているデバイスのI^2Cアドレスを調べて、アドレスのリストを返します。16進数で表示するとSi7021のI^2Cアドレスである0x40が確認できます。

Si7021を制御する主なコマンドは**表5-1**のとおりでした。I^2C通信でSi7021をリセットするには次のようにします。

```
>>> from machine import Pin, I2C
>>> import struct
>>> i2c = I2C(scl = Pin(22), sda = Pin(21))  # I2Cオブジェクトを作る
>>> i2c.writeto(0x40, struct.pack('B', 0xFE))  # リセットコマンドをセンサに送る
1
```

I2Cオブジェクトを生成し、**I2C.writeto**メソッドでリセットコマンドを送っています。**I2C.writeto**メソッドの第2引数は**bytes**オブジェクトが必要です。そのために**struct**モジュールを使って、リセットコマンドを1バイトの**bytes**オブジェクトに変換しています。センサを制御するときはバイト列のデータを扱うことが多く、MicroPythonでは**struct**モジュールをよく使うので、慣れておくとよいでしょう。

次にSi7021に温度を読むコマンドを送り、温度データを読んでみます。

▽表5-1：Si7021の主なコマンド

コマンド	コード
温度を読む（Hold Master Mode）	0xE3
温度を読む（No Hold Master Mode）	0xF3
湿度を読む（Hold Master Mode）	0xE5
湿度を読む（No Hold Master Mode）	0xF5
リセット（Reset）	0xFE

```
>>> from machine import Pin, I2C
>>> import struct
>>> i2c.writeto(0x40, struct.pack('B', 0xF3)) # 温度を読むコマンドを送る
1
>>> i2c.readfrom(0x40, 3) # センサから返される3バイトのデータを読む
b'bx/xcd'
```

I2C.writetoメソッドで温度を読むコマンドを送り、**I2C.readfrom** メソッドでSi7021が返す3バイトのデータを読んでいます。返されるデータは温度を示すデータなので、周囲の温度によって値は変わります。この3バイトのデータは温度データの上位バイト、下位バイト、チェックサムなので、次のように取り出します。

```
>>> from machine import Pin, I2C
>>> import struct
>>> i2c.writeto(0x40, struct.pack('B', 0xF3)) # 温度を読むコマンドを送る
1
# センサから返される3バイトのデータを読む
>>> val, checksum = struct.unpack('>HB', i2c.readfrom(0x40, 3))
>>> val
25100
>>> val * 175.72 / 65536 - 46.85 # 温度に変換する
20.44999
```

struct.unpackの書式文字列の**'>HB'**は「**>**」が上位バイトが先にくるビッグエンディアンを、「**H**」が**unsigned short**を、「**B**」が**unsigned char**を示します。読み出した値は次の式で温度に変換できます。

温度(℃) = $val \times 175.72 \div 65536 - 46.85$

では、Si7021から1秒ごとに温度と湿度を読んで出力するプログラムを見てみましょう(**プログラム5-4**)。

Si7021にアクセスするロジックをまとめてクラスにしました。クラスの初期化(**__init__**)では、リセットコマンドを送ってSi7021をリセットしています(①)。センサがリセットされるのに時間がかかるので、50ミリ秒待っています。

read_dataはSi7021にコマンドを送った後に戻される温度や湿度のデータを読む関数です(②)。センサはコマンドを送った直後に**I2C.readfrom**でデータを読むと、センサが反応せず**OSError**例外を発生します。**read_data**関数では**try except**で例外を無視し、データが3バイト読めるまで繰り返しデータを読んでいます(③)。REPLで動かしているときは、プログラムの入力に時間がかかるので気にしなくてよかったのですが、プログラムをファイルにして一気に動かすときには、こういった対処が必要です。読み込んだデータから**struct.unpack**で値とチェックサムを取り出しています(④)。

▽プログラム5-4：si7021.py

```
from micropython import const
from machine import Pin, I2C
import struct
import time

TEMP = const(0xF3)
HUMID = const(0xF5)
_RESET = const(0xfe)

class SI7021:
    def __init__(self, i2c, addr = 0x40):
        self.i2c = i2c
        self.addr = addr
        self.i2c.writeto(self.addr, struct.pack('B', _RESET)) # センサをリセットする ----①
        time.sleep_ms(50) # センサがリセットされるまで待つ

    def read_data(self): # Si7021からデータを読む ----②
        while True:
            try: # コマンドを送った直後はセンサが反応せず、例外になる ----③
                data = self.i2c.readfrom(self.addr, 3)
            except OSError: # 例外になったら、無視して再度読む
                pass
            else:
                if len(data) == 3: # 3バイト読めたらループを抜ける
                    break
        _val, _checksum = struct.unpack('>HB', data) # 値とチェックサムを取り出す ----④
        return _val

    @property
    def temp(self):
        self.i2c.writeto(self.addr, struct.pack('B', TEMP)) # 温度を測る ----⑤
        return self.read_data() * 175.72 / 65536 - 46.85 # 温度データを読み、温度を計算 ----⑥

    @property
    def humid(self):
        self.i2c.writeto(self.addr, struct.pack('B', HUMID)) # 湿度を測る ----⑦
        return self.read_data() * 125 / 65536 - 6 # 湿度データを読み、湿度を計算 ----⑧

def main():
    i2c = I2C(scl = Pin(22), sda = Pin(21)) # I2Cオブジェクトを生成
    si7021 = SI7021(i2c) # SI7021オブジェクトを生成

    while True:
        print(si7021.temp, si7021.humid) # 温度と湿度を測定し、出力
        time.sleep(1)

if __name__ == '__main__':
    main()
```

温度と湿度を測定する**temp**と**humid**は、それぞれ温度、湿度を測るコマンドをSi7021に送り(⑤、⑦)、Si7021から返されるデータから温度、湿度を計算しています(⑥、⑧)。

このプログラムをsi7021.pyというファイルにして、そのファイルの先頭から最後までをコピーし、REPLをペーストモードにして貼り付けて実行すると、1秒ごとに温度と湿度が表示

されます。

センサライブラリを作る

プログラム5-4はSi7021にアクセスするための操作をまとめた**SI7021**クラスと、そのクラスを使ってSi7021にアクセスし、温度、湿度を測定して表示する**main**関数からできています。このような構造にすると、このファイルをライブラリとして使えます。

コマンドプロンプトからampyコマンドでこのファイルsi7021.pyをマイコンの内部ファイルシステムに転送します。

```
> ampy --port COM4 put si7021.py
> ampy --port COM4 ls
boot.py
si7021.py
```

ライブラリを内部ファイルシステムに置くと、次のようにライブラリをインポートして使えるようになります。センサ制御をライブラリ化してしまえば、プログラムはとても簡単になります。

```
>>> from machine import Pin, I2C
>>> import time
>>> import si7021  # 内部ファイルシステムに置いたsi7021ライブラリをインポート
>>> i2c = I2C(scl = Pin(22), sda = Pin(21))  # I2Cオブジェクトを作る
>>> si7021 = si7021.SI7021(i2c)  # SI7021オブジェクトを作る
>>> while True:
...     print(si7021.temp, si7021.humid)  # SI7021オブジェクトを使い、温度、湿度を取得
...     time.sleep(1)
...
19.74214 47.74527
19.73141 47.72238
19.72068 47.69186
```

MicroPythonでネットワークにアクセスする

MicroPythonでLEDを点滅させたり、アナログセンサやデジタルセンサから値を読む方法を見てきました。次にMicroPythonでWi－Fiネットワークに接続し、クラウドサーバへデータを送信してみましょう。

Wi-Fiネットワークへの接続

Wi-Fiネットワークに接続するには**network**モジュールを使います。

```
# networkモジュール
import network            # インポート

wlan = network.WLAN(network.STA_IF) # ステーションインタフェースを作成
wlan.active(True)         # インタフェースをアクティブ化
wlan.scan()               # アクセスポイントをスキャン
wlan.isconnected()        # ステーションがアクセスポイントにつながったかをチェック
wlan.connect('essid', 'password') # アクセスポイントに接続
wlan.config('mac')        # インタフェースの MAC アドレスを取得
wlan.ifconfig()           # インタフェースのIP/netmask/gw/DNSアドレスを取得

ap = network.WLAN(network.AP_IF) # アクセスポイントインタフェースを作成
ap.config(essid='ESP-AP') # アクセスポイントのESSIDを設定
ap.active(True)           # インタフェースをアクティブ化
```

Wi-Fiアクセスポイントへは次のように接続します。

```
def do_connect():
    import network
    wlan = network.WLAN(network.STA_IF)
    wlan.active(True)
    if not wlan.isconnected():
        print('connecting to network...')
        wlan.connect('essid', 'password')
        while not wlan.isconnected():
            pass
    print('network config:', wlan.ifconfig())
```

essidとpasswordを、お使いのWi-Fiルータのものに書き換えて、do_connect関数を呼ぶと、Wi-Fiネットワークに接続し、マイコンに割り付けられたIPアドレス、ネットマスク、ゲートウェイ、DNSアドレスが表示されます。

クラウドサーバへのデータ送信

Wi-Fiに接続できたら、クラウドサービスAmbientにデータを送信しましょう。MicroPythonでAmbientにデータを送信するライブラリ[注4]があるので、それをダウンロードします。

GitHubリポジトリの右上「Clone or download」をクリックし、さらに「Download ZIP」をクリックして、ZIP形式のライブラリをダウンロードします(**図5-12**)。

ダウンロードしたZIPファイルambient-python-lib-master.zipを展開します。その中にあるambient.pyがAmbientにデータを送信するライブラリなので、そのファイルをampyコマンドでマイコンに転送します。

注4)　https://github.com/AmbientDataInc/ambient-python-lib

▽図5-12：Ambientライブラリをダウンロード

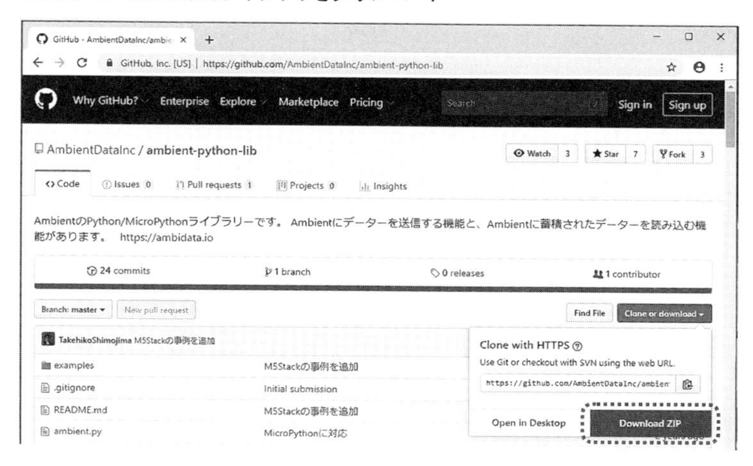

```
> ampy --port COM4 put ambient.py
> ampy --port COM4 ls
boot.py
si7021.py
ambient.py
```


これでAmbientライブラリのインストールが完了しました。Ambientモジュールは次のように使います。

```
# Ambientモジュール
import ambient  # インポート

# チャネルIDとライトキーを指定してオブジェクト生成
am = ambient.Ambient(チャネルId, ライトキー[, リードキー[, ユーザキー]])
r = am.send({'d1': 数値, 'd2': 数値})  # データ送信

data = [
    {'created': '2019-04-05 12:00:00', 'd1': 1.1, 'd2': 2.1},
    {'created': '2019-04-05 12:01:00', 'd1': 1.5, 'd2': 3.8},
    {'created': '2019-04-05 12:02:00', 'd1': 1.0, 'd2': 0.8}
]
r = am.send(data)  # 複数件のデータを送信
```

AmbientライブラリではチャネルIDとライトキーを指定して`Ambient`オブジェクトを作り、`Ambient.send`メソッドでデータを送ります。データは`{'d1': 数値, 'd2': 数値}`という辞書形式で渡します。Arduinoでは`bulk_send`関数で複数件のデータを送信できましたが、MicroPythonでは辞書形式のデータの配列を`Ambient.send`メソッドに渡すことで複数件のデータを送れます。

デジタル温湿度センサSi7021で温度、湿度を測り、Ambientに送信するプログラムは**プログラム5-5**のとおりです。

このプログラムの**essid**、**password**を、お使いのWi-Fiルータのものに、**channelId**、**writeKey**を送信するAmbientのチャネルのものに書き換えてください。プログラム全体をコピーし、REPLをペーストモードにして貼り付けると、Wi-Fiネットワークに接続し、300秒(5分)ごとに温度、湿度を測定し、Ambientに表示します。

ではプログラムを見ていきましょう。

まず、①の**do_connect**はWi－Fiネットワークに接続する関数です。

②からの4行でI2CとSI7021のオブジェクトを作り、Wi-Fiネットワークに接続し、Ambientオブジェクトを作るという初期化処理をしています。

③からの2行でSi7021から温度、湿度を読み、④でAmbientに送信しています。**Ambient.send**の戻り値の**r.status_code**はHTTPのステータスコードで、200が返れば送信は正常終了しています。

▽プログラム5-5：ambient_send.py

```
from machine import Pin, I2C
import time
import si7021  # 内部ファイルシステムに置いたSi7021ライブラリをインポート
import ambient # Ambientライブラリをインポート

essid = 'ssid'
password = 'password'
channelId = 100
writeKey = 'ライトキー'

def do_connect():  # Wi-Fiネットワークに接続  ----①
    import network
    wlan = network.WLAN(network.STA_IF)
    wlan.active(True)
    if not wlan.isconnected():
        print('connecting to network...')
        wlan.connect(essid, password)
        while not wlan.isconnected():
            pass
    print('network config:', wlan.ifconfig())

i2c = I2C(scl = Pin(22), sda = Pin(21))  # I2Cオブジェクトを作る  ----②
si7021 = si7021.SI7021(i2c)  # SI7021オブジェクトを作る
do_connect()
# チャネルIDとライトキーを指定してAmbientオブジェクトを作る
am = ambient.Ambient(channelId, writeKey)

while True:
    temp = si7021.temp  # Si7021から温度を取得  ----③
    humid = si7021.humid  # 湿度を取得
    print(temp, humid)
    r = am.send({'d1': temp, 'd2': humid})  # 温度、湿度をAmbientに送信  ----④
    print('status code:', r.status_code)  # 送信のステータスコードをプリント  ----⑤
    time.sleep(300)
```

MicroPythonプログラムの自動実行

MicroPythonは内部ファイルシステムのルートディレクトリにmain.pyという名前のファイルがあると、リセット後にそのファイルを実行します。

プログラム5-5のファイル名をmain.pyに変えて、ampyコマンドでマイコンに転送してみましょう。

```
> ampy --port COM4  put main.py
> ampy --port COM4  ls
boot.py
si7021.py
ambient.py
main.py
```

ターミナルソフトでマイコンに接続し、マイコンボードのリセットボタンを押すと、REPLのプロンプトが表示されず、main.pyが実行され、Wi-Fiネットワークに接続し、温度、湿度を測定してAmbientに送信し始めるのが確認できます。

これでこのマイコンはパソコンの助けを借りなくても動作する温度、湿度センサ端末になりました。USBケーブルを外し、バッテリーをつないでも動作します。

自動実行を止めるには、マイコンをUSBケーブルでパソコンにつなぎ、ターミナルソフトでマイコンに接続して、CTRL-Cを入力してプログラムの実行を止め、ampyコマンドでmain.pyを削除(rm)します。


```
> ampy --port COM4 rm main.py
> ampy --port COM4 ls
boot.py
si7021.py
ambient.py
```

マイコンをリセットすると、今度はREPLのプロンプトが表示されます。

MicroPythonでも比較的簡単なプログラムでセンサで外界の状態をデータ化し、クラウドサービスに送って、データを蓄積し、可視化できることが確認できました。

間欠動作

第4章では、センサ端末の消費電力を下げるために、Deep sleepモードを使ってマイコンを間欠動作させました。MicroPythonでも次のようにDeep sleepモードを使うことができます。

```
# machineモジュール
import machine          # インポート

# リセット要因を返す  Deep sleepからの復帰の場合、machine.DEEPSLEEP_RESETが返る
machine.reset_cause()

machine.deepsleep(time)  # time（ミリ秒）を指定してDeep sleepモードに入る
```

時間を指定してmachine.deepsleep関数を呼ぶと、ESP32はDeep sleepモードに入ります。Deep sleepから復帰した後の動作はArduinoのときと同じで、machine.deepsleep関数からは戻らず、リセットしたときと同様にプログラムの先頭から実行します。

Deep sleepから復帰したときにプログラムを実行させるために、プログラムをmain.pyというファイル名で内部ファイルシステムのルートディレクトリに置いておく必要があります。

▽プログラム5-6：ambient_send_ds.py

```
import time  # timeモジュールをインポート  ----①
start = time.ticks_ms()  # プログラムの開始時刻を記録
SLEEP_TIME = 300
from machine import Pin, I2C
import machine
import si7021  # 内部ファイルシステムに置いたSi7021ライブラリをインポート
import ambient # Ambientライブラリをインポート

essid = 'ssid'
password = 'password'
channelId = 100
writeKey = 'writeKey'

def do_connect():  # Wi-Fiネットワークに接続
    import network
    wlan = network.WLAN(network.STA_IF)
    wlan.active(True)
    if not wlan.isconnected():
        print('connecting to network...')
        wlan.connect(essid, password)
        while not wlan.isconnected():
            pass
    print('network config:', wlan.ifconfig())

i2c = I2C(scl = Pin(22), sda = Pin(21))  # I2Cオブジェクトを作る
si7021 = si7021.SI7021(i2c)  # SI7021オブジェクトを作る
do_connect()
# チャネルIDとライトキーを指定してAmbientオブジェクトを作る
am = ambient.Ambient(channelId, writeKey)

temp = si7021.temp  # Si7021から温度を取得  ----②
humid = si7021.humid  # 湿度を取得
print(temp, humid)
r = am.send({'d1': temp, 'd2': humid})  # 温度、湿度をAmbientに送信
print('status code:', r.status_code)  # 送信のステータスコードをプリント

machine.deepsleep(SLEEP_TIME * 1000 - (time.ticks_ms() - start))  # Deep sleepする  ----③
```

プログラム5-5をDeep sleepモードを使って間欠動作するようにしたのが**プログラム5-6**です。

このプログラムをmain.pyというファイル名でマイコンの内部ファイルシステムに置き、マイコンをリセットすると、300秒ごとに温度と湿度を測定してAmbientに送信し、あとはDeep sleepするという動作を繰り返します。

プログラムを見ていくと、まず`time`モジュールをインポートして、プログラムの開始時刻を記録します。これはこの後に続く一連の処理の処理時間を測定し、Deep sleep時間から処理時間を引くことで、正確な周期動作をするためです。続くライブラリなどのインポート、センサやAmbientの初期化、Wi-Fiネットワークへの接続処理は**プログラム5-5**と同じです。

プログラム5-5では②の位置で`while`ループで温度、湿度を測定し、Ambientに送信していましたが、**プログラム5-6**では`while`ループを使わずに温度、湿度を測定し、Ambientに送信し、そのあとで`machine.deepsleep`関数でDeep sleepモードに入っています。指定した時間が経過するとマイコンがプログラムの先頭から実行することで、繰り返し処理をおこなっています。

MicroPythonでもDeep sleepモードを使うことで、マイコンを間欠動作させ、センサ端末の消費電力を下げることができます。

ESP32にはRTCモジュールにリカバリメモリという領域があり、Deep sleepの間もデータを保持してくれます。Arduinoではこのリカバリメモリを使い、複数回の測定データをまとめて送信することで、さらに消費電力を下げられました。MicroPythonでは原稿執筆時点(2019年4月)ではリカバリメモリを使う方法がなく、複数回の測定データをまとめて送信することはできないようです。

付録2に、`machine`モジュールなどESP32に関連したモジュールの解説をつけましたので、参考にしてください。

まとめ

本章では第2章のLチカから第3章のセンサ制御、クラウドサービスへのデータ送信、第4章の消費電力削減まで、Arduino／C++で開発してきたものをMicroPythonでも実装しました。MicroPythonでもマイコンやセンサなどハードウェアの扱いが強力におこなえることを見ました。

ここまでで本書の基礎編は終わりです。マイコンとセンサ、Arduino／C++やMicroPythonを使ったIoTシステムの開発が具体的に理解できたと思います。応用編となる次章からは、事例をベースに、いくつかのIoTシステムを開発していきます。第6章ではまず、電流センサを使い、家庭の電力利用や工場の工作機械の電力利用状況を測定し、クラウドに送って見える化するシステムを開発します。

第6章

電力利用量を可視化する

―― 複雑なセンサデータを端末側で処理して送信しよう

第5章までで IoT システムの概要、Arduino での電子工作の第一歩、マイコンとセンサの制御、消費電力の低減、MicroPython での制御を見てきました。基本的な IoT システム開発の流れが理解できたと思います。

ここからは応用編として、いくつかの IoT システムを開発していきます。本章では、電流センサのような複雑なセンサデータ特有の課題を整理したあと、電流センサを使って家庭の電力利用や工場の工作機械の電力利用状況を測定し、データをクラウドに送って見える化するという実用的なシステムを開発します。

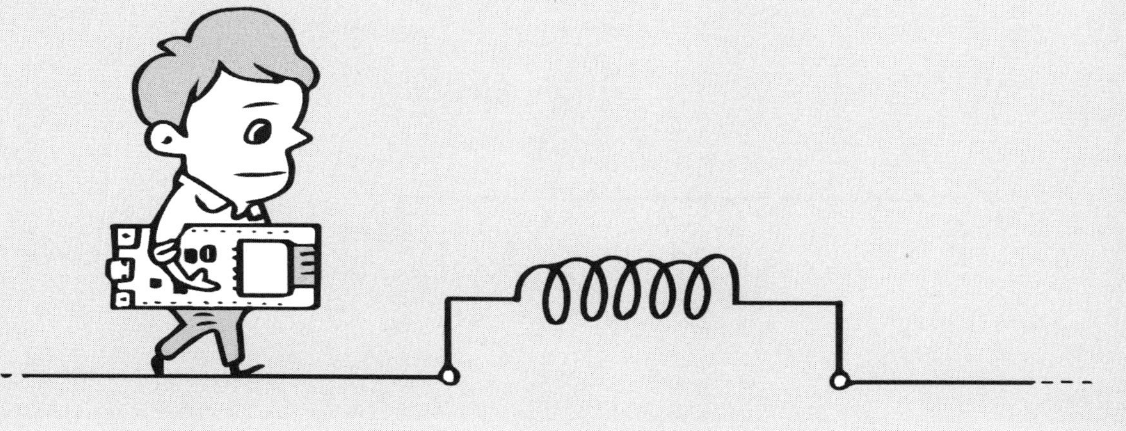

複雑なセンサデータの課題

家庭やオフィス、工場などでは非常に多くの機器が電気で動いています。機器の電気の使用状態を測り、データを蓄積して見える化することは、省エネやコスト削減に効果的です。また、工場の工作機械などの消費電流は機械の稼働状態を示しています。工場にある個々の機械の稼働状態を調べることで、ボトルネックになっている機械を発見したり、稼働率を改善したりできます。

これらの機器の多くは交流電源で動いています。交流は周期的に向きが変化する電流です。日本の家庭向けの電気は、東日本では1秒間に50回向きを変える50Hz、西日本では60Hzの交流が使われます(**図6-1**)。このように周期的に変化する信号は交流電流の他に音、振動などがあります。

変化する信号をデータ化するには、細かい周期で信号を測定し、測定値の配列で表現する方法があります。細かい周期で信号を測定することをサンプリングといいます(**図6-2**)。

温度や湿度などは「今の温度は23℃、湿度は40%」というように単純な数値データで表せますが、交流電流や音、振動など変化する信号は、波形を持った複雑なデータになります。

▽図6-1：交流電流

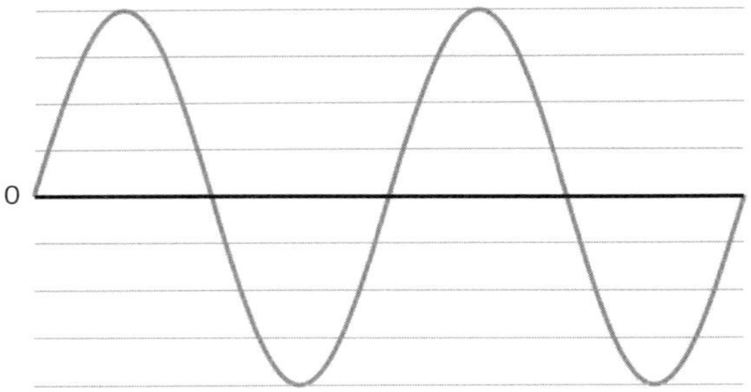

▽図6-2：交流電流のサンプリング

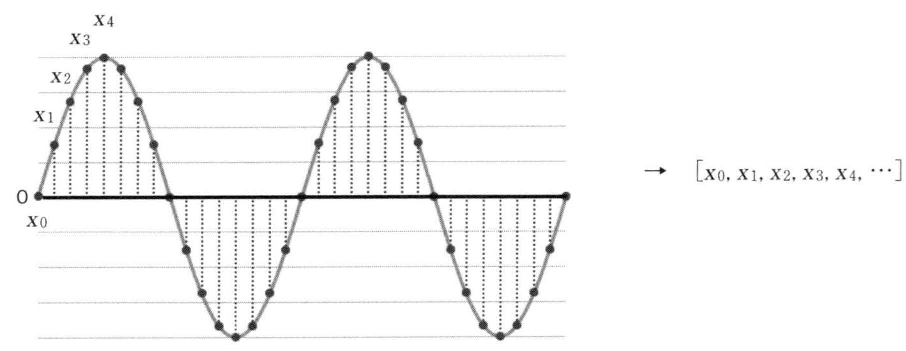

Column：複雑なデータの平均値

通常、いくつかの値の平均値を計算するときは、値の総和を値の個数で割って平均値を求めます。

平均値＝$(x_1 + x_2 + x_3 + ... + x_n) \div n$

交流電流や音、振動などの信号は**図6-2**のように0を中心にプラス、マイナスに変化するデータになります。このようなデータを単純に平均しても、プラスとマイナスが相殺され、「大きさ」の平均を表せません。プラス、マイナスに変化するデータの平均値は「二乗平均平方根」で計算します。二乗平均平方根は各値を２乗し、平均値を計算し、その平方根を取る方法です。

二乗平均平方根＝$\sqrt{(x_1^2 + x_2^2 + x_3^2 + ... + x_n^2) \div n}$

こうすることで複雑なデータに対しても「大きさ」の平均が計算できます。

生データは無駄が多い

細かい周期でサンプリングして得られた生データは、元の信号の波形を再現できるデータで、データ量は多くなります。たとえば交流電流を１ミリ秒周期でサンプリングして１つのデータを２バイトで表したとすると、１秒で2kバイト、１時間で7.2Mバイトのデータです。

信号波形を記録して分析するようなアプリケーションであれば生データを記録する必要がありますが、アプリケーションによっては信号の大きさ（平均値）を記録すれば十分なものもあります。

機器の消費電力を調べる場合、交流電流の大きさ（電流値）が記録できればよく、交流の波形まで記録する必要はありません。電流値を２バイトで表し、１分ごとに電流値を調べて記録すると、１時間のデータ量は120バイトで済みます。

アプリケーションに依存しますが、交流電流、音、振動など周期的に変化する信号をサンプリングした生データは、そのままクラウドサービスに送って保存せず、端末側で平均値などのデータに加工してクラウドサービスに送信、保存すれば十分な場合が多いです。

では、そのように端末側で処理するメリットとデメリットを整理しておきましょう。

端末側で処理するメリット

データを取得した端末側やゲートウェイでデータの前処理をおこない、アプリケーションが必要とするデータに加工してデータ量を少なくすることで、クラウドに送信するときのネットワークの通信量を下げられます。通信事業者が運営するネットワークを利用する際は通信コストが下がります。

クラウドサービスは一般的に多数のセンサ端末からのデータが集約されます。クラウドサーバ側には強力なプロセッサが使われますが、大量のデータをクラウドサーバに集めるのは得策ではありません。クラウドサービスに送るデータ量が少なくなると、クラウドサービスのネットワーク使用やCPU使用が少なくてすみ、クラウドサービスの規模や複雑さが下がり、コストも低減できます。

一方、センサ端末やゲートウェイに使われる最近のプロセッサは、データの前処理をおこなうのに十分な処理能力があるものが多いです。端末側である程度データの前処理をおこない、IoTシステム全体で処理を分散させたほうが有利です。

ちなみに、ゲートウェイなど端末に近いところでデータの前処理をおこなうものをエッジコンピューティングと呼びます。

端末側で処理するデメリット

データを端末側で前処理して、抽象度の高いデータに加工すると、元の詳細なデータは失われます。たとえば、交流電流の波形は分からなくなります。デメリットといえなくもありません。

消費電流の分析では、分電盤などにまとめられた電流の波形から動作中の機器を識別し、機器ごとの消費電流を調べるディスアグリゲーションという技術があります。このようなアプリケーションは電流波形データが必要になり、電流の生データを電流値に変換してしまうとこのような分析サービスはできなくなります。

とはいえ、生データが必要なディスアグリゲーションのようなアプリケーションの場合でも、端末のプロセッサの処理能力が許せば端末上で、処理能力が不足する場合はゲートウェイなどで処理をおこない、膨大な生データをクラウドサービスに送らないような設計にすべきです。

電流センサで測定する

前節で説明したように、交流電流は周期的に変化する複雑なデータです。本節では、電流センサのしくみを概観したあと、実際にマイコンに電流センサをつなぎ、電流値をサンプリングして、生データから平均値を計算してクラウドサービスに送り、電流消費を見える化していきます。

電流センサのしくみ

電流センサにはシャント抵抗型電流センサとCT（カレントトランス）型電流センサ、ホール素子型電流センサなどがあります。

シャント抵抗型電流センサ

測定する回路の中に小さな抵抗(シャント抵抗)を入れる方法です(**図6-3**)。抵抗の両端の電圧を測り、抵抗値とその両端の電圧から、抵抗を流れる電流値を求めます。この方法は直流も交流も測れますが、回路を切って抵抗を入れなければならず、抵抗を電流が流れるため、電力ロスが起きたり抵抗が発熱したりといったデメリットがあります。

CT(カレントトランス)型電流センサ

電線を磁性体コアに通し交流電流を流すと、磁性体コアに磁束が発生し、それに応じて2次巻線に2次電流が流れます。そこに抵抗をつなぎ、抵抗の両端の電圧を測る方法です(**図6-4**)。この方法は交流しか測れませんが、2つに分かれた磁性体コアで電線をはさむことで、測定対象の回路を切らずに電流を測定できます。

▽図6-3：シャント抵抗型電流センサ

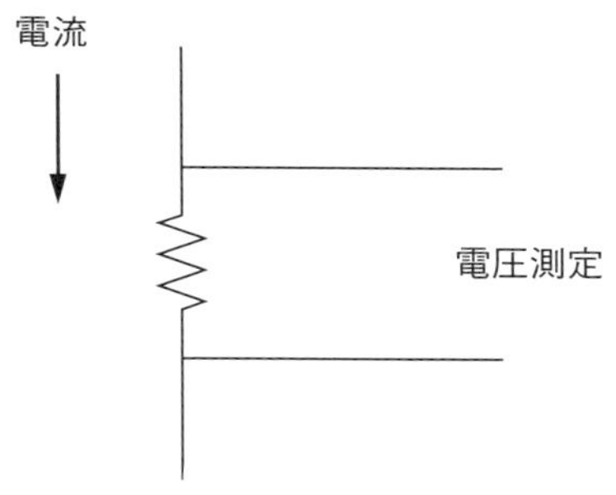

▽図6-4：CT(カレントトランス)型電流センサ

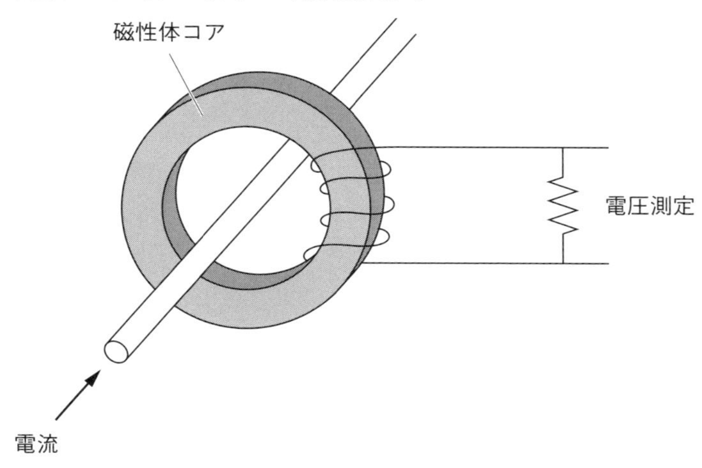

▽図6-5：ホール素子型電流センサ

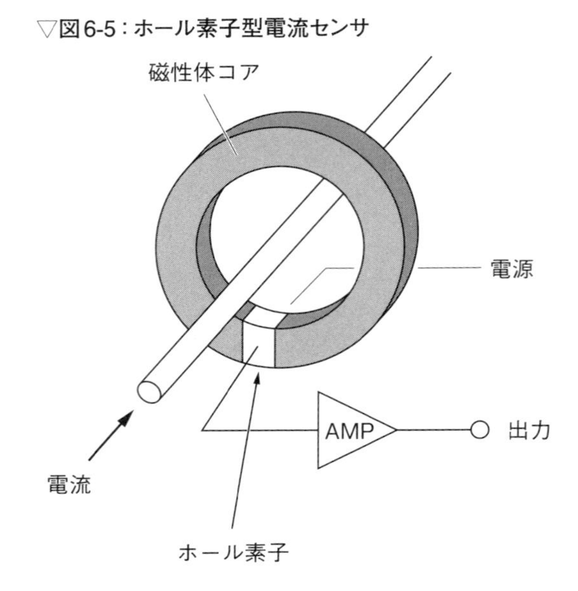

ホール素子型電流センサ

電流の周りに発生する磁界をホール素子と呼ばれる素子で電圧に変換し、それを測定する方法です（**図6-5**）。ホール素子の出力は小さいのでアンプで増幅する必要があります。直流も交流も測れますが、アンプなどの回路が必要になります。

CT型電流センサで交流電流を測る

本書では交流が測れて価格も安いCT型電流センサを使います。

CT型電流センサの磁性体コアで測定対象の線を挟むと、測定対象の電流Iに比例して2次電流I_2が流れます（**図6-6**）。負荷抵抗Rの両端の電圧V_rをADコンバータで測ると、2次電流の値

▽図6-6：CT型電流センサによる電流測定

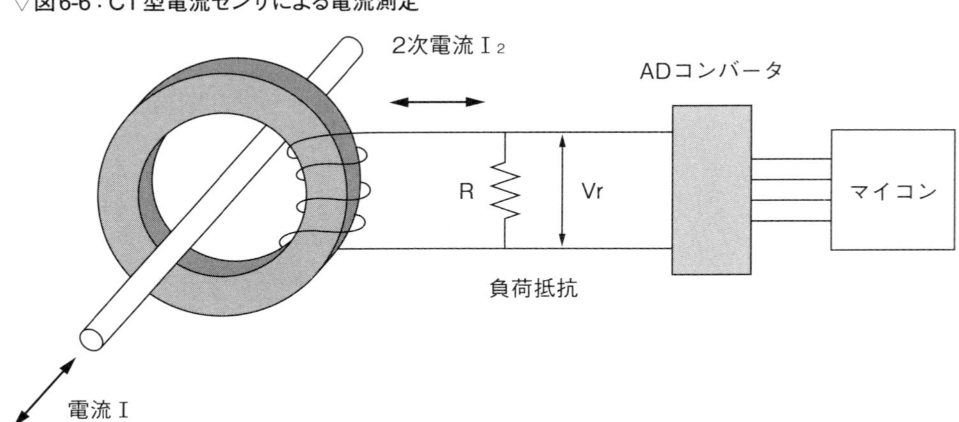

I_2はオームの法則から次のように計算できます。ADコンバータは内部抵抗値が非常に大きいので、そちらに流れる電流は無視して構いません。

$$I_2 = V_r \div R$$

測定対象の電流は交流なので、CT型電流センサの2次電流も交流になります。このとき負荷抵抗の両端の電圧はプラスとマイナスになります(**図6-7**)。ADコンバータはマイナス側の電圧が測れないので、このままだと半分の値は測れなくなります。

そこで、同じ値の抵抗2つで電源電圧Vを分圧して$1/2V$を作り、電流センサの一端をグラン

▽**図6-7：交流電流の測定①**

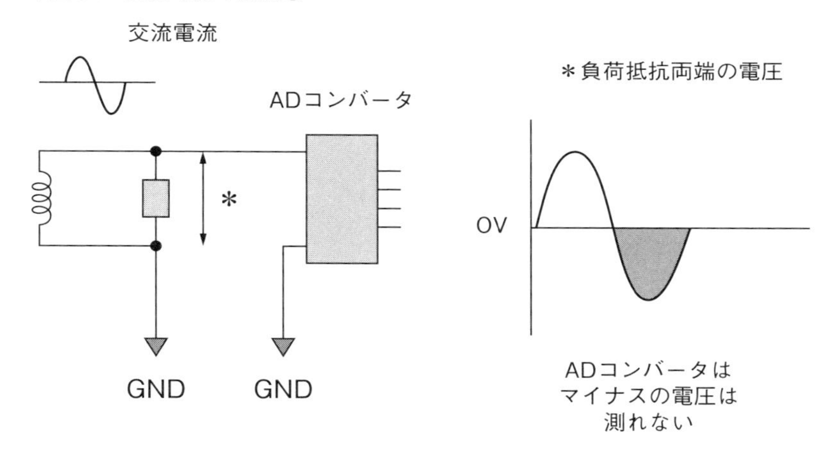

▽**図6-8：交流電流の測定②**

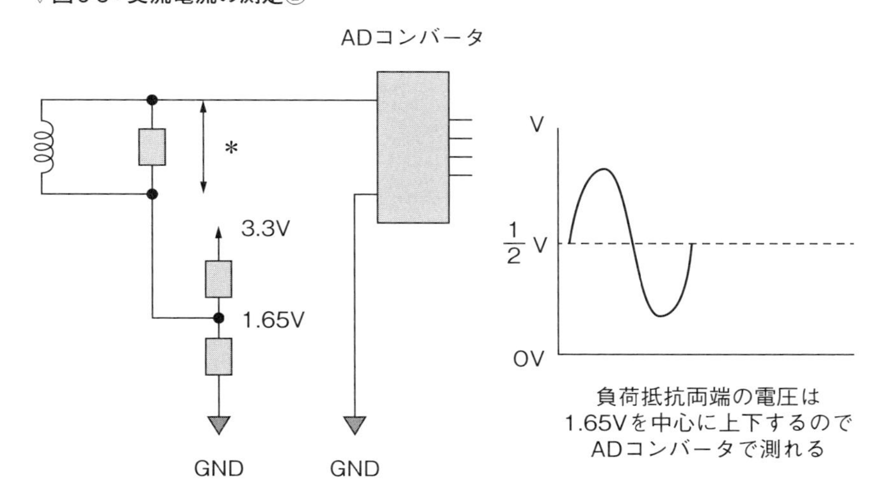

ドの代わりにここにつないで、1/2Vを中心に電圧が変化するようにします。こうすることで負荷抵抗両端の電圧全体をADコンバータで測れるようになります(**図6-8**)。

ESP32に電流センサを接続する

写真6-1が本書で使うCT型電流センサ「クランプ式AC電流センサ30A」です。磁性体コアで電線を挟み、電線を流れる電流を測ります。データシートによれば、測定対象の電流に対して2000:1の2次電流が得られます。測定対象の電流が20Aであれば2,000分の1の10mAの2次電流が得られ、最大60Aまでの電流が測定できます。

日本の多くの家庭は単相3線式といって2系統で電力が供給されています(**図6-9**)。家全体の電流の使用状態を測定するためには、2系統の両方の電流値を測る必要があるので、電流センサは最低2個接続できるようにします。

▽**写真6-1：CT型電流センサ**

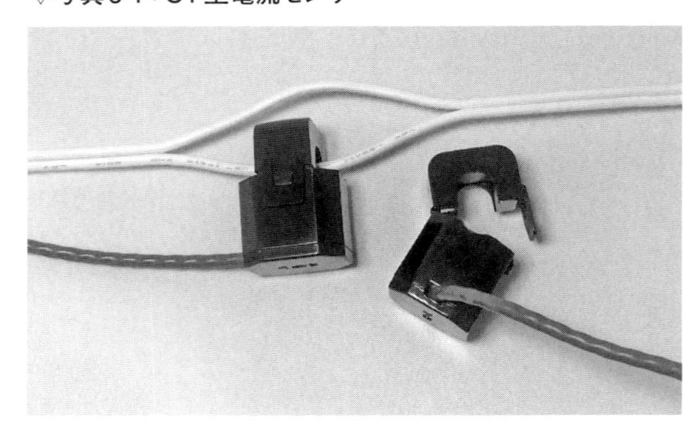

▽**図6-9：単相3線式交流**

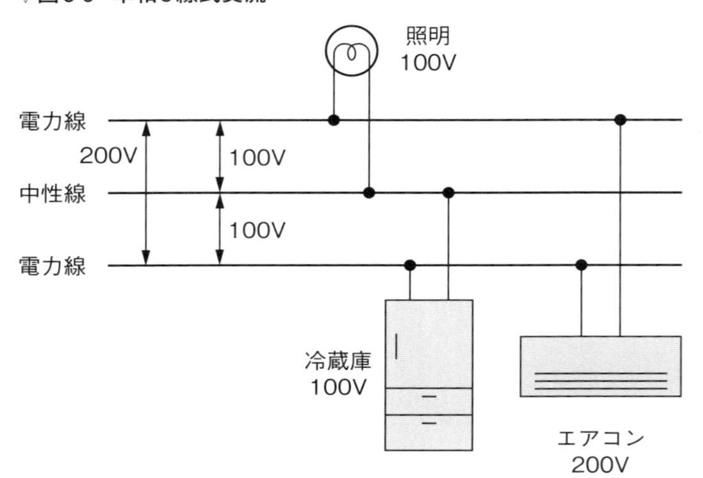

センサ端末の回路図は**図6-10**です。

ブレッドボード上に作ったセンサ端末が**写真6-2**、**6-3**です。長いブレッドボードを使っています。**写真6-2**の左はESP32を載せたところ、**写真6-2**の右はESP32を外したところです。配線の一部はESP32の下を通しています。

先ほど説明したように、負荷抵抗Rの両端の電圧V_rをADコンバータで測ると、2次電流の値I_2は次のように求められます。

$$I_2 = V_r \div \mathrm{R}$$

測定対象の電流Iは2次電流I_2の2000倍です。

$$I = 2000 \times I_2$$

▽**図6-10：センサ端末の回路図**

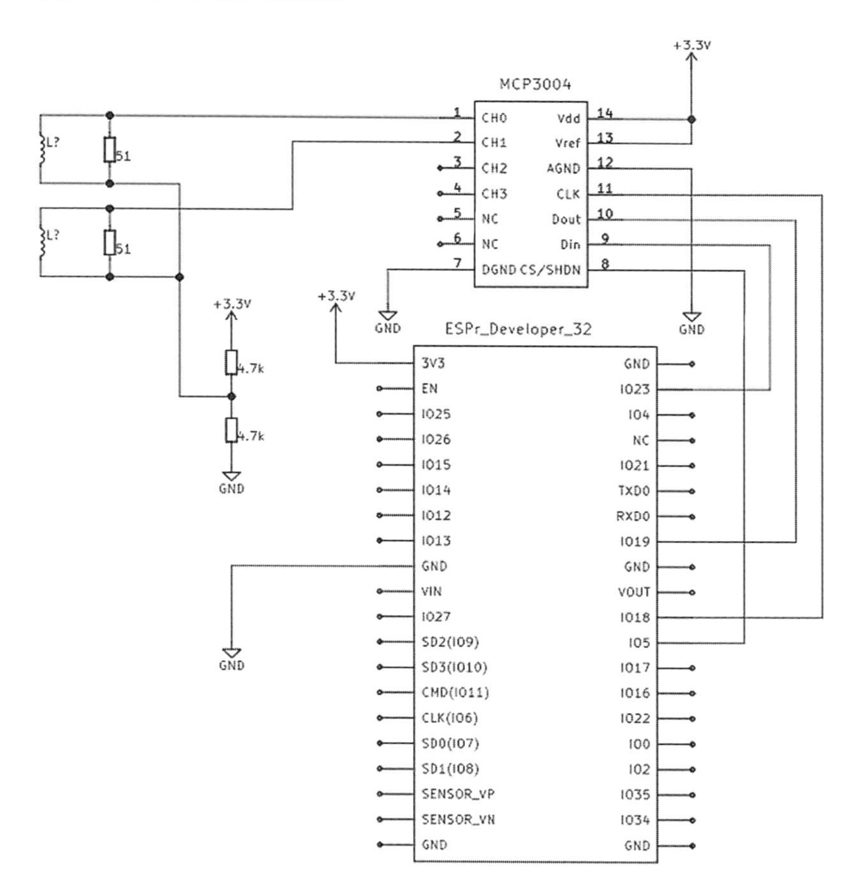

▽写真6-2：センサ端末の配線

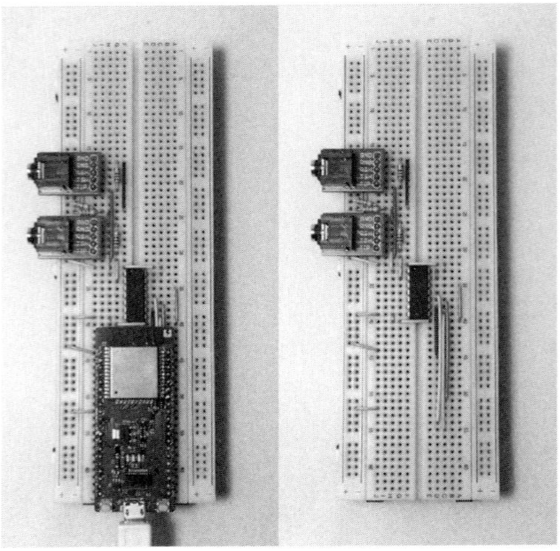

▽写真6-3：センサ端末

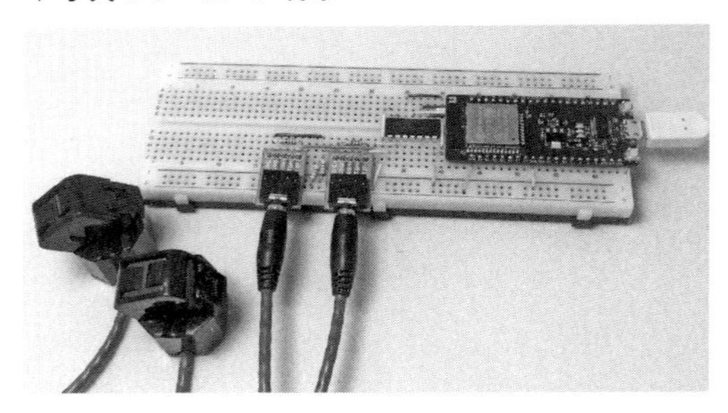

CT型電流センサが測れるのは60Aまでですが、センサ端末としては50Aまで測れるようにします。50Aの電流が流れたときのCT型電流センサの2次電流I_2は25mAです。ADコンバータで測れるように、負荷抵抗両端の電圧V_rは1.65V以下にしたいので、次の式のように負荷抵抗を66Ω以下にします。実際の負荷抵抗は51Ωにしました。

$$R = V_r \div I_2 = 1.65\text{V} \div 0.025\text{A} = 66\,\Omega$$

最低2ヶ所の電流値を測りたいので、4チャネルのADコンバータMCP3004を使って負荷抵抗の両端の電圧を測ります。MCP3004は10ビットのADコンバーターで、入力が0VからV_{ref}V（= 3.3V）のときに0から1023の値が読めます。ADコンバーターで読んだ値をeとすると、負荷抵抗の両端の電圧V_rは次のようになります。V_rが0のときにADコンバータの出力は1.65Vに相当する512という値になるので、512を引いています。

$V_r = (e - 512) \div 1024 \times 3.3$

負荷抵抗が51Ω、クランプ式電流センサの1次電流と2次電流の比率が2000:1なので、1次電流Iは次のように計算できます。

$I = V_r \div 51 \times 2000$

なお、ADコンバータMCP3004はマイコンとSPIで通信します。SPI通信については第3章の説明も参照してください。

電流センサによる電流値の測定

測定回路ができたので、それを使って交流電流をサンプリングしていきます。**図6-11**のように1ミリ秒ごとに100回、ADコンバータでCT型電流センサの電流値を測り、その値を確認します。ADコンバータの値をSPI通信で読むという形になります。

ArduinoでSPI通信をするには、SPIライブラリを使います。SPIライブラリの詳細は後に回して、まずプログラム全体を見てみましょう(**プログラム6-1**)。

プログラム6-1をビルドして実行すると、3秒ごとに1ミリ秒間隔で100回電流センサの値を読み、シリアルに出力します。いつものシリアルモニタではなく、シリアルプロッタを起動してみましょう。

起動したら、電源ケーブルの先に適当な電気製品をつなげます。実験では1200Wのドライヤをつなげました。ドライヤを動かしたり止めたりすると、シリアルプロッタに**図6-12**のような波形が描かれます。波形はつないだ機器によって異なりますが、交流波形が測定できているのが確認できました。なお、普通、電源ケーブルは2本の線でできています。2本の線を磁性体コアで挟んでも、行きと帰りの電流が打ち消しあって磁束が発生せず、2次電流は流れません。**写真6-1**のように2本の線の一方だけをセンサで挟んで測定するようにしましょう。

▽**図6-11：交流電流のサンプリング**

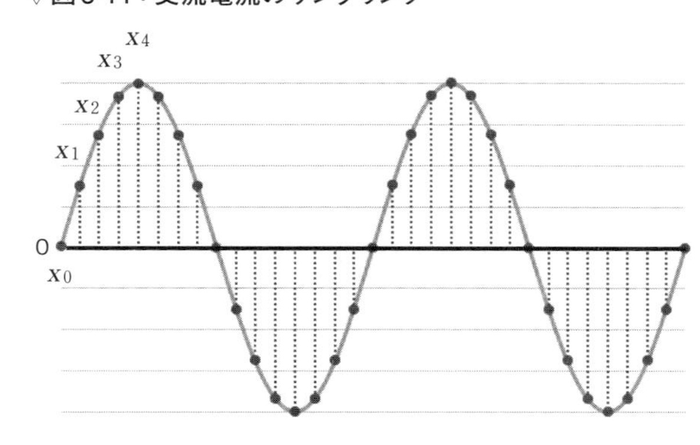

▽プログラム6-1：adc_test.ino

```
/*
 * MCP3004で1ミリ秒ごとに100回サンプリングし、値をシリアルに表示
 * サンプリング値をシリアルプロッタで確認
 */
#include <SPI.h>

#define MCP3004_SS 5  // MCP3004のスレーブセレクトピン

#define TIMER0 0
#define SAMPLE_PERIOD 1      // サンプリング間隔(ミリ秒)
#define SAMPLE_SIZE 100      // 1ms x 100 = 100ms

const float rl = 51.0;       // 負荷抵抗
short amps[SAMPLE_SIZE];

hw_timer_t * samplingTimer = NULL;
volatile int t0flag;

void IRAM_ATTR onTimer0() {  // タイマ割込み関数
    t0flag = 1;
}

uint16_t mcp3004_read(uint8_t ch) {
    byte MSB, LSB;

    SPI.beginTransaction(SPISettings(200000, MSBFIRST, SPI_MODE0));
    digitalWrite(MCP3004_SS, LOW);           // デバイスを選択
    SPI.transfer(0x01);                      // スタートビットを送る
    MSB = SPI.transfer((0x08 | ch) << 4);  // チャネルを送り、上位バイトを得る
    LSB = SPI.transfer(0x00);                // 適当なデータを送り、下位バイトを得る
    digitalWrite(MCP3004_SS, HIGH);          // デバイスの選択を解除
    SPI.endTransaction();

    return (MSB & 0x03) << 8 | LSB;
}

void setup(){
    Serial.begin(115200);
    while (!Serial);

    SPI.begin();                             // SPIを初期化
    pinMode(MCP3004_SS, OUTPUT);             // スレーブセレクトピンを出力モードに
    digitalWrite(MCP3004_SS, HIGH);          // デバイス選択を解除

    samplingTimer = timerBegin(TIMER0, 80, true);  // 分周比80、1マイクロ秒のタイマを作る
    timerAttachInterrupt(samplingTimer, &onTimer0, true);  // タイマ割込みハンドラを指定
    timerAlarmWrite(samplingTimer, SAMPLE_PERIOD * 1000, true);  // タイマ周期を設定

}

void loop() {
    timerAlarmEnable(samplingTimer);    // タイマを動かす
    for (int i = 0; i < SAMPLE_SIZE; i++) {
        t0flag = 0;
        while (t0flag == 0) {           // タイマ割込みでt0flagが1になるのを待つ
            delay(0);
        }
```

```
        amps[i] = mcp3004_read(0);      // ch0の電圧値を読む
    }
    timerAlarmDisable(samplingTimer);  // タイマを止める

    for (int i = 0; i < SAMPLE_SIZE; i++) {
        Serial.println(amps[i]);
    }
    delay(3000);
}
```

▽図6-12：電流測定の実験結果

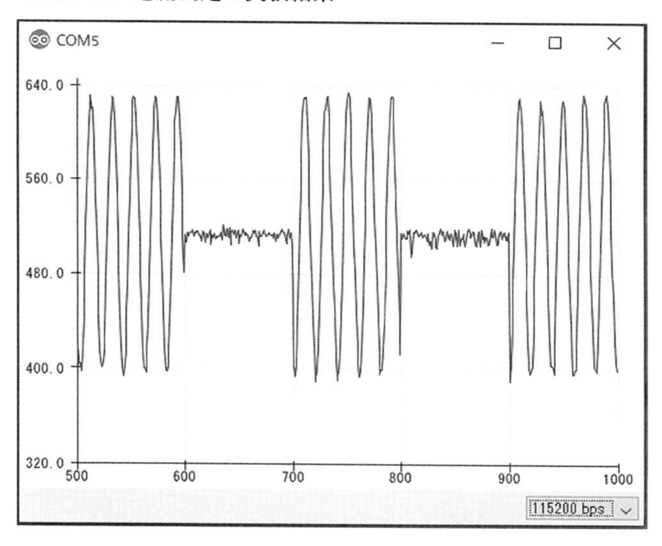

では、プログラムを見ていきます。**プログラム6-1**では、1ミリ秒ごとにSPI通信でMCP3004にアクセスして、電流センサの負荷抵抗両端の電圧を測定し、配列に書き、100回測定したらその結果をシリアル回線に出力しています。

まず、SPI通信によるMCP3004へのアクセスを見ます。

SPI通信

SPI通信をおこなうには、SPI.hというヘッダファイルをインクルードし、`SPI.begin`関数で初期化します。

SPIライブラリ

関数名

```
SPI.begin();
SPI.begin(sck, miso, mosi, ss);
```

説明

SPIを初期化する

パラメータ

`sck, miso, mosi, ss`: いずれも、それぞれのピン番号。パラメータ省略時は、sck=18、miso=19、mosi=23、ss=5

戻り値

なし

例

```
SPI.begin();
```

SPI通信もI^2C通信と同じようにマイコンからセンサなどのデバイスにコマンドを送り、デバイスからの応答があればそれを受信するというやりとりをします。プログラムでは次のような流れになります。

```
// 動作モードを設定し、SPI通信を開始
SPI.beginTransaction(SPISettings(speed, dataOrder, dataMode));
digitalWrite(_SS, LOW);                 // デバイスを選択
recv_data = SPI.transfer(send_data);    // データをデバイスに送り、応答があればそれを受信する
digitalWrite(_SS, HIGH);                // デバイスの選択を解除
SPI.endTransaction();                   // SPI通信を終了
```

引き続きSPIライブラリを見ていきましょう。`SPISettings`はSPI通信のモードを設定します。MCP3004のデータシートを見ると、通信スピードは10kHzから1.35MHzとあるので、その範囲の適当なスピードを選びます。ここでは200kHzに設定しました。`dataOrder`は`MSBFIRST`です。MCP3004は`SPI_MODE0`と`SPI_MODE3`で通信できるので、`dataMode`は`SPI_MODE0`を指定します。

SPIライブラリ

関数名

```
SPISettings(speed, dataOrder, dataMode);
```

説明

SPI通信のモードを設定する

パラメータ

speed: SPI通信のスピード

dataOrder: データを最上位ビットから送る(MSBFIRST)か、最下位ビット(LSBFIRST)から送るか

dataMode: SPI_MODE0〜SPI_MODE3

戻り値

SPISettingsオブジェクト

```
SPISettings(200000, MSBFIRST, SPI_MODE0);
```

SPISettingsの戻り値のSPISettingsオブジェクトをSPI.beginTransaction関数に渡します。SPI.beginTransaction関数はSPISettingsで設定したモードを指定して、SPI通信を開始します。

SPIライブラリ

関数名

```
SPI.beginTransaction(SPISettings);
```

説明

SPI通信を開始する

パラメータ

SPISettings: SPISettingsオブジェクト

戻り値

なし

```
SPI.beginTransaction(SPISettings(200000, MSBFIRST, SPI_MODE0));
```

SPI.transfer関数はSPI通信でデータを送り、SPIデバイスから応答があればデータを受

信します。パラメータとして**buffer**と**size**を渡したときは、応答があればその**buffer**にデータが書き込まれます。

SPIライブラリ

関数名

```
receivedVal = SPI.transfer(val);
SPI.transfer(buffer, size);
```

説明

SPI通信でデータを送り、応答があれば受信する

パラメータ

val: 送信するデータ

buffer: 送信するデータ配列

size: 送信するデータバイト数

戻り値

受信したデータ

```
SPI.transfer(0x01);
```

プログラム6-1では、最初にスタートビット(**0x01**)を送り、次にチャネル番号を送っています。MCP3004は4本ある入力ピンを独立した入力として使う方法(シングルエンド)と、2本ずつペアにして使う方法(疑似差動入力)があり、ここではシングルエンドで使っています。チャネル番号にOR(|)している**0x08**がシングルエンドを示しています。チャネル番号を送ると、MCP3004からの応答として測定値の上位バイトが返ります。次にダミーデータを送ると、応答として測定値の下位バイトが返ります。

SPI.endTransaction関数でSPI通信を終了します。

SPIライブラリ

関数名

```
SPI.endTransaction();
```

説明

SPI通信を終了する

パラメータ

なし

なし

例

```
SPI.endTransaction();
```

周期処理

プログラム6-1でのもうひとつのポイントは、1ミリ秒ごとの周期処理です。周期処理を実現する方法はいくつかあります。ここではタイマ割込みを使います。

ESP32には内蔵のハードウェアタイマが4個あります。タイマに値をセットしておくと、タイマ内のカウンタがその値に達した時点で割込みが発生し、通常のプログラムの処理を中断して、あらかじめ指定しておいた割込み処理関数が実行されます。タイマを使うために、以降で説明する関数が用意されています。

まず、`timerBegin`でタイマの初期化をします。

タイマライブラリ

関数名

```
timerBegin(uint8_t num, uint16_t divider, bool countUp);
```

説明

タイマを初期化する

パラメータ

`num`: タイマ番号(0〜3)

`divider`: 80MHzの基本クロックの分周比。80を指定すると1マイクロ秒のタイマになる

`countUp`: カウンタを増加させるか減少させるかを指定する

戻り値

`hw_timer_t`のポインタ

```
samplingTimer = timerBegin(0, 80, true);
```

`timerBegin`で初期化したタイマに`timeAttachInterrupt`で割込み処理関数を設定します。割込みが発生すると割込み処理関数`fn`が呼ばれます。ESP32には割込み処理など高速に処理する必要のあるプログラム用に、高速なRAM領域が用意されています。通常のプログラムはフラッシュメモリに置かれますが、割込み処理関数に`IRAM_ATTR`属性を付けることで、フラッシュメモリよりも高速なRAM領域に置かれます。

タイマライブラリ

関数名

```
timerAttachInterrupt(hw_timer_t *timer, void (*fn)(void), bool edge);
```

説明

タイマの割込み処理関数を設定する

パラメータ

timer: timerBeginの戻り値

fn: 割込み処理関数

edge: 割込みをエッジトリガにするかレベルトリガにするかを指定

戻り値

なし

```
timerAttachInterrupt(samplingTimer, &onTimer0, true);
```

timerAlarmWriteはタイマに値を設定します。カウンタ値がその値になるとタイマ割込みが発生します。autoreloadをtrueにすると、割込み発生時にタイマ値が再設定されます。

タイマライブラリ

関数名

```
timerAlarmWrite(hw_timer_t *timer, uint64_t alarm_value, bool autoreload);
```

説明

タイマ値を設定する

パラメータ

timer: timerBeginの戻り値

alarm_value: タイマ値。分周比を80にして、1マイクロ秒のタイマにした場合、alarm_valueを1000にすると1ミリ秒後にタイマ割り込みが発生する

autoreload: trueにすると割込み発生時にalarm_valueが再設定される。

戻り値

なし

```
timerAlarmWrite(samplingTimer, 1000, true);
```

タイマはtimerAlarmEnableを呼ぶと動き出し、timerAlarmDisableを呼ぶと止まります。

タイマライブラリ

関数名

```
timerAlarmEnable(hw_timer_t *timer);
```

説明

タイマを起動する

パラメータ

timer: timerBeginの戻り値

戻り値

なし

```
timerAlarmEnable(samplingTimer);
```

タイマライブラリ

関数名

```
timerAlarmDisable(hw_timer_t *timer);
```

説明

タイマを停止する

パラメータ

timer: timerBeginの戻り値

戻り値

なし

```
timerAlarmDisable(samplingTimer);
```


プログラム6-1では1マイクロ秒のタイマにタイマ値1000を指定して、1ミリ秒ごとにタイマ割込みを発生させています。

loop関数の中のforループの先頭でt0flagが0の間待ち、割込み処理関数onTimer0でt0flagを1にすることで、1ミリ秒間隔での周期処理を実現し、1ミリ秒間隔でMCP3004を読み、値を配列に記録しています。

MCP3004のアクセスプログラムをライブラリ化する

MCP3004のようなデバイスはいろいろなところで使われるので、アクセスするプログラムをライブラリ化して、他のプログラムでも使えるようにしておくと便利です。ライブラリ化するには、**プログラム6-2**と**6-3**のように、ヘッダファイルとcppファイルを作ります。

ヘッダファイル(**プログラム6-2**)でクラスを定義します。また、ヘッダファイルは複数回インクルードされてもよいように、ファイル全体を`#ifndef MCP3004_H`で囲います。cppファイル(**プログラム6-3**)には、コンストラクタと初期化関数、リード関数など、アクセスに必要な関数の実体を書きます。

▽プログラム6-2：MCP3004.h

```
#ifndef MCP3004_H  // 複数回同じヘッダがインクルードされてもよいようにする
#define MCP3004_H

#include <Arduino.h>
#include <SPI.h>

class MCP3004  // MCP3004クラス
{
public:
    MCP3004(uint8_t);
    virtual ~MCP3004();

    void begin(void);
    uint16_t read(uint8_t ch);
private:
    uint8_t _ss;
};

#endif // MCP3004_H
```

▽プログラム6-3：MCP3004.cpp

```
#include "MCP3004.h"

MCP3004::MCP3004(uint8_t ss) {
    _ss = ss;
}

MCP3004::~MCP3004() {
}

void MCP3004::begin(void) {
    pinMode(_ss, OUTPUT);                // スレーブセレクトピンを出力モードに
    digitalWrite(_ss, HIGH);             // デバイス選択を解除
}

uint16_t MCP3004::read(uint8_t ch) {
    byte MSB, LSB;
```

```
    SPI.beginTransaction(SPISettings(200000, MSBFIRST, SPI_MODE0));
    digitalWrite(_ss, LOW);                // デバイスを選択
    SPI.transfer(0x01);                    // スタートビットを送る
    MSB = SPI.transfer((0x08 | ch) << 4);  // チャネルを送り、上位バイトを得る
    LSB = SPI.transfer(0x00);              // 適当なデータを送り、下位バイトを得る
    digitalWrite(_ss, HIGH);               // デバイスの選択を解除
    SPI.endTransaction();

    return (MSB & 0x03) << 8 | LSB;
}
```

ヘッダファイルとcppファイルをArudinoプログラム(.inoファイル)と同じフォルダに置きます。メインのプログラムでは、ヘッダファイルMCP3004.hをインクルードすれば、**MCP3004 mcp3004(MCP3004_SS);**のようにMCP3004クラスのインスタンスが生成でき、**mcp3004.begin();**で初期化し、**mcp3004.read();**で値が読めるようになります。

データを処理し送信する

プログラム6-1で電流値を1ミリ秒ごとに100回サンプリングして生データを取得しました。次にこのサンプリングデータから電流値を計算します。

サンプリングデータからの電流値の計算

交流の電流値のようにプラス／マイナスに変化する値の平均値を計算する場合、各値の二乗平均平方根(root mean square、RMS)を計算します。

サンプリング値を確認する**プログラム6-1**では、各サンプリング値を配列に保存して表示しましたが、二乗平均平方根を計算する場合は、各サンプリング値を保存する必要はありません。次のプログラムのようにサンプリング値(ここでは電圧値から電流値を計算しています)を2乗して足しこんでいき、最後に平均値の平方根を計算します。

```
float ampsum = 0;

for (int i = 0; i < SAMPLE_SIZE; i++) {
    // 周知の待ち合わせ処理
    vt = mcp3004.read(ch);      // ch0の電圧値を読む
    amp = (float)(vt - 512) / 1024.0 * 3.3 / rl * 2000.0;
    ampsum += amp * amp;
}
float val = (float)sqrt((double)(ampsum / SAMPLE_SIZE));
```

プログラム全体は**プログラム6-4**のようになります。MCP3004のアクセス部分はライブラリ

▽プログラム6-4：current_monitor.ino

```
/*
 * 5秒ごとに、MCP3004で1ミリ秒間隔で100回サンプリングし、電流値を計算
 * 値をシリアルに表示
 */
#include <SPI.h>
#include "MCP3004.h"

#define MCP3004_SS 5  // MCP3004のスレーブセレクトピン
MCP3004 mcp3004(MCP3004_SS);

#define TIMER0 0
#define SAMPLE_PERIOD 1      // サンプリング間隔(ミリ秒)
#define SAMPLE_SIZE 100      // 1ms x 100 = 100ms
#define PERIOD 5            // 測定間隔(秒)

const float rl = 51.0;       // 負荷抵抗

hw_timer_t * samplingTimer = NULL;
volatile int t0flag;

void IRAM_ATTR onTimer0() {  // タイマ割込み関数
    t0flag = 1;
}

float ampRead(uint8_t ch) {
    int vt;
    float amp, ampsum;
    ampsum = 0;

    timerAlarmEnable(samplingTimer);   // タイマを動かす
    for (int i = 0; i < SAMPLE_SIZE; i++) {
        t0flag = 0;
        while (t0flag == 0) {           // タイマ割込みでt0flagが1になるのを待つ
            delay(0);
        }
        vt = mcp3004.read(ch);          // chの電圧値を読む
        amp = (float)(vt - 512) / 1024.0 * 3.3 / rl * 2000.0;  // 電圧値から電流値を計算
        ampsum += amp * amp;            // 二乗して足し込む
    }
    timerAlarmDisable(samplingTimer);  // タイマを止める

    return ((float)sqrt((double)(ampsum / SAMPLE_SIZE)));  // 平均値の平方根を返す
}

void setup(){
    Serial.begin(115200);
    while (!Serial);

    SPI.begin();                        // SPIを初期化
    mcp3004.begin();                    // MCP3004を初期化

    samplingTimer = timerBegin(TIMER0, 80, true);  // 分周比80、1マイクロ秒のタイマを作る
    timerAttachInterrupt(samplingTimer, &onTimer0, true);  // タイマ割込みハンドラを指定
    timerAlarmWrite(samplingTimer, SAMPLE_PERIOD * 1000, true);  // タイマ周期を設定
}

void loop() {
```

```
    unsigned long t = millis();
    float a0, a1;
    a0 = ampRead(0);
    a1 = ampRead(1);

    Serial.printf("%.2f, %.2f/r/n", a0, a1);
    while ((millis() - t) < PERIOD * 1000) {
        delay(0);
    }
}
```

▽図6-13：電流値の測定

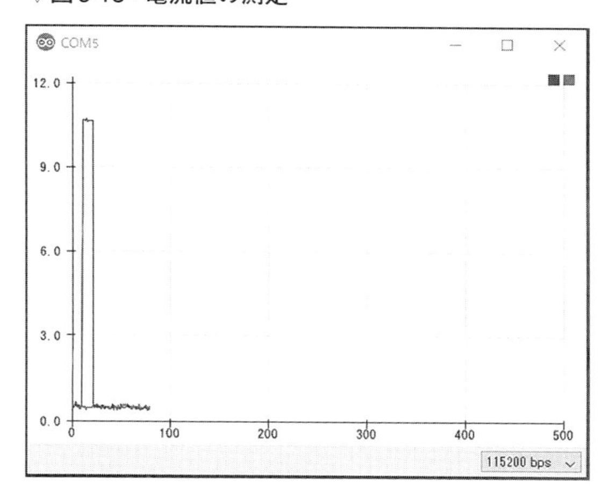

を使っています。

このプログラムをビルドして実行すると、5秒ごとに1ミリ秒間隔で100回電流値をサンプリングし、二乗平均平方根をとって電流の平均値を計算してシリアル回線に出力します。

チャネル0にドライヤーをつなぎ、動かしてみたのが図6-13です。

交流の場合の電流と電力の関係

なお、直流の場合、電力は電圧×電流で求められますが、交流の場合は電圧と電流の位相のずれがあるため、実際に使われた電力(有効電力)は次のようになります。

有効電力＝電圧×電流×力率

つまり、電力を求めるなら電流と電圧を測定する必要があります。しかし、今回は電力を求めるよりも機器の電気の利用傾向を調べることを目的にしたので、電流値のみで利用傾向を見ることにしました。

電流データのクラウドサービスへの送信

電流の平均値が測れるようになったので、これをクラウドサービスAmbientに送信し、電流値を可視化します。Ambientに送信するのに関係する部分は**プログラム6-5**のようになります。

loop関数の中で2系統の電流値を測定したら、**ambient.set**で値をセットし、**ambient.send**で送信します。

▽プログラム6-5：Ambient_current_monitor.ino

```
#include "Ambient.h"

#define PERIOD 60            // 測定間隔(秒)

WiFiClient client;
Ambient ambient;

const char* ssid = "ssid";
const char* password = "password";

unsigned int channelId = 100; // AmbientのチャネルID
const char* writeKey = "writeKey"; // ライトキー

void setup(){
    // シリアル、SPI、MCP3004の初期化

    WiFi.begin(ssid, password);
    while (WiFi.status() != WL_CONNECTED) {
      delay(500);
      Serial.print(".");
    }
    Serial.print("WiFi connected: ");
    Serial.println(WiFi.localIP());

    // チャネルIDとライトキーを指定してAmbientの初期化
    ambient.begin(channelId, writeKey, &client);

    // タイマの処理
}

void loop() {
    unsigned long t = millis();
    float a0, a1;
    a0 = ampRead(0);
    a1 = ampRead(1);

    ambient.set(1, a0);
    ambient.set(2, a1);
    ambient.send();

    Serial.printf("%.2f, %.2f/r/n", a0, a1);
    while ((millis() - t) < PERIOD * 1000) {
        delay(0);
    }
}
```

家庭の電流消費量を実際に測る

開発した電流センサ端末を家庭の分電盤に取り付けて、実際に家庭の電流消費量を測ってみます(**写真6-4**)。

写真の左側がアンペアブレーカで、その下に出ている赤(左側)、白(真ん中)、黒(右側)の3本の線が単相3線式の電線で、白が中性線、赤と黒が電力線です。CT型電流センサで赤と黒の電力線を挟みます。取り付けはブレーカを落とした状態で、十分気をつけておこなってください。

測定した電流値をAmbientで見ると、**図6-14**のようなグラフが見られます。なお、チャート設定でグラフサイズを「large」にして、d1とd2を同じチャートで表示し、日付指定を設定しています。

グラフは著者の自宅の電流値です。系統1(左端の値が2に近いほう)に冷蔵庫が接続されていて、オン/オフを繰り返しながら常時動いているのが分かります。系統2(左端の値が0に近いほう)には電子レンジがついていて、7時半や12時、18時ごろに使っています。19時半ごろからはエアコンを使いました。このように家全体の電流の消費状態を調べるとどの家電製品がどのくらい電気を使っているのかがよく分かります。

60秒ごとの瞬時値と30分ごとの平均値の表示

図6-14は60秒ごとに測ったその瞬間の電流値(瞬時値)のグラフでした。Ambientでは送られたデータの10分間、15分間、20分間、30分間、1時間の平均値を計算して表示する機能があります。その機能を使って、30分ごとの電流の平均値を表示してみましょう。

チャネルページの左上の「チャート追加」ボタンをクリックし、チャート追加画面でd1とd2を選択し、グラフ種類を「棒グラフ(縦積み)」に、集計を「30分間」の「平均値」に設定します(**図6-15**)。

「チャートを追加」ボタンをクリックすると、**図6-16**のような30分平均の電流値グラフが表示されます。

▽**写真6-4:電流センサの分電盤への取り付け**

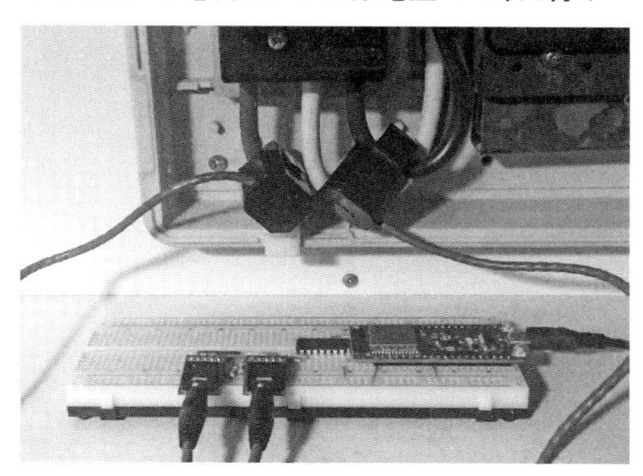

▽**図6-14:家庭の消費電流**

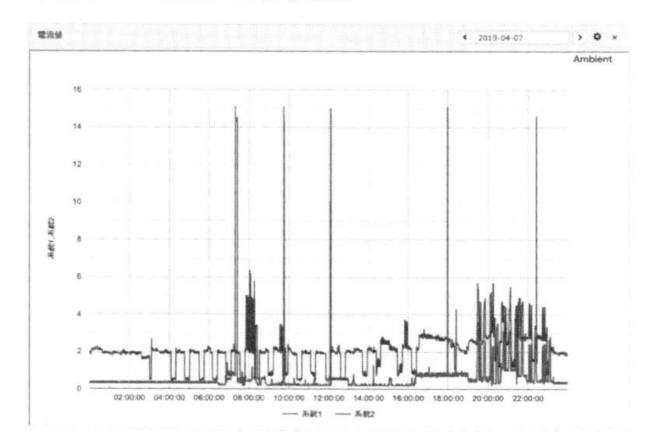

▽図6-15：30分の平均値を表示する

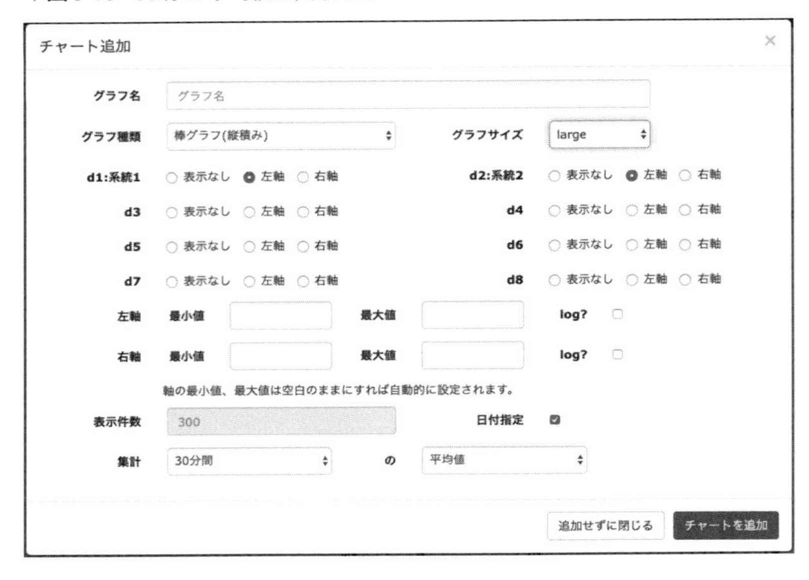

▽図6-16：30分平均の電流値

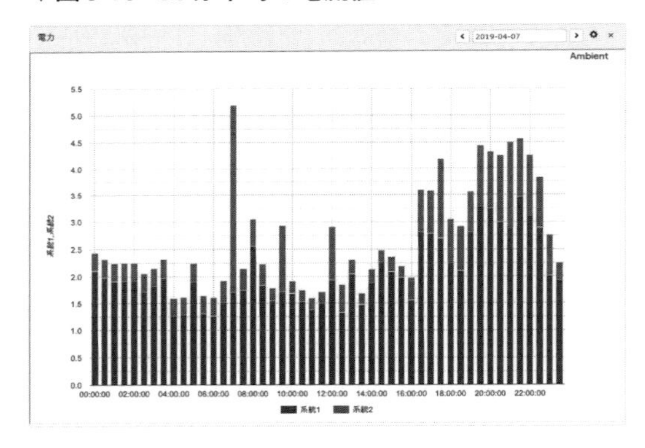

30分間の平均電流値は、次のような関係で電力値に読み替えることができます。

電力値(kWh)＝縦軸の値×100(V)÷1000÷2

ただし、「交流の場合の電流と電力の関係」の項でも述べたように、この関係は力率を考慮していないので、概算としての電力値になります。

MicroPythonで制御する

ここまではArduino／C++でプログラミングしましたが、同じことをMicroPythonでもやってみましょう。ハードウェアはArduino／C++のものと同じです。

最初にプログラム全体を見てみます(**プログラム6-6**)。

▽プログラム6-6：Ambient_current_monitor.py

```
from machine import Pin, SPI
import struct
import time
import math
import ambient # Ambientライブラリをインポート


rl = 51  # 負荷抵抗
SAMPLE_PERIOD = 1  # サンプリング間隔(ミリ秒)
SAMPLE_SIZE = 100  # サンプル数
PERIODS = 60        # 測定間隔

essid = 'ssid'
password = 'password'
channelId = 100
writeKey = 'writeKey'

def do_connect(): # Wi-Fiネットワークに接続  ----①
    import network
    wlan = network.WLAN(network.STA_IF)
    wlan.active(True)
    if not wlan.isconnected():
        print('connecting to network...')
        wlan.connect(essid, password)
        while not wlan.isconnected():
            pass
    print('network config:', wlan.ifconfig())

def _data(ch): # MCP3004から値を読む  ----②
    ret = bytearray(3)                # 受信するデータバッファ
    cmd = bytearray(struct.pack('BBB', 0x01, (0x08 | ch) << 4, 0x00)) # 送信コマンド
    mcp3004_ss.value(0)               # デバイスを選択
    spi.write_readinto(cmd, ret)      # コマンドを送信し、応答データを読む
    mcp3004_ss.value(1)               # デバイスの選択を解除
    val = struct.unpack('>BH', ret)  # 応答からデータを取り出す
    return val[1] & 0x03FF

def ampRead(ch): # chの電流値を測定する  ----③
    ampsum = 0
    for i in range(SAMPLE_SIZE):      # サンプル数回繰り返す
        t = time.ticks_us()           # 開始時間を記録
        vt = _data(ch)                # MCP3004から電圧値を読む
        amp = (vt - 512) / 1024 * 3.3 / rl * 2000 # 電圧値を電流値に変換
        ampsum = ampsum + amp * amp  # 二乗して足し込む
        while((time.ticks_us() - t) < SAMPLE_PERIOD * 1000): # サンプル時間、待つ
```

第6章

```
            pass
    return math.sqrt(ampsum / SAMPLE_SIZE)  # 平均値の平方根を計算

                                            # SPIオブジェクトを生成  ----④
spi = SPI(baudrate=200000, polarity=0, phase=0, sck=Pin(18), miso=Pin(19), mosi=Pin(23))
mcp3004_ss = Pin(5, Pin.OUT)
mcp3004_ss.value(1)
do_connect()
# チャネルIDとライトキーを指定してAmbientオブジェクトを作る
am = ambient.Ambient(channelId, writeKey)

while True:
    a0 = ampRead(0)                         # チャネル0の電流値を測定する
    a1 = ampRead(1)                         # チャネル1の電流値を測定する
    print(a0, a1)
    r = am.send({'d1': a0, 'd2': a1})  # チャネル0と1の電流値をAmbientに送信する
    print('status code:', r.status_code)  # 送信のステータスコードをプリント
    time.sleep(PERIODS)
```

①がWi-Fiネットワークに接続する関数、②がMCP3004からSPI通信でデータを読む関数、③が1ミリ秒単位で電流値を測定し、二乗平均平方根で電流の平均値を計算する関数です。④からが初期化で、**SPI**オブジェクトを生成し、Wi-Fiネットワークに接続し、Ambientのオブジェクトを生成しています。**while**文の中で60秒ごとにチャネル0と1の電流値を測定し、Ambientに送信しています。

MCP3004のデータをSPI通信で読む

MicroPythonでSPI通信をするには**machine**モジュールのSPIクラスを使います。

```
# machineモジュール SPIクラス
from machine import SPI  # インポート

spi = SPI(speed, polarity, phase, sck, mosi, miso)

spi.init(speed)          # ボーレートを指定して初期化

spi.read(10)             # MISOピンから10バイト読込み
spi.read(10, 0xff)       # 10バイト読込み、その間MOSIピンに0xffを出力

buf = bytearray(50)      # バッファを作成
spi.readinto(buf)        # 与えたバッファに読込み(この場合は50バイト)
spi.readinto(buf, 0xff) # 与えたバッファに読込み、MOSIピンに0xffを出力

spi.write(bytearray(b'12345')) # MOSIピンに5バイト書込み

buf = bytearray(4)       # バッファを作成
spi.write_readinto(bytearray(b'1234'), buf) # MOSIピンに書き込み、MISOピンからバッファに読み込み
spi.write_readinto(buf, buf) # MOSIピンにbufを書き込み、MISOピンからbufに読み込み
```

polarityと**phase**はArduinoの**SPISettings**の**dataMode**に相当し、MCP3004の場合、

polarityもphaseも0を指定します。

実際のMCP3004とのやり取りは、初期化でSCK、MISO、MOSIのピン番号を指定してSPIオブジェクトを生成します。デバイスを選択するスレーブセレクトピンを出力モードで初期化し、value(1)に設定してデバイスを選択しない状態にします。

```
# SCK、MISO、MOSIのピン番号を指定してSPIオブジェクトを生成
spi = SPI(baudrate=200000, polarity=0, phase=0, sck=Pin(18), miso=Pin(19), mosi=Pin(23))
mcp3004_ss = Pin(5, Pin.OUT)      # デバイスを選択するスレーブセレクトピンを出力モードで初期化
mcp3004_ss.value(1)               # HIGHを出力して選択しない状態にする
```

MCP3004からデータを取得するときは、MCP3004からの応答を受信するバッファを用意し、送信するコマンドとして、スタートビット(0x01)、チャネル((0x08 | ch) << 4)、ダミーデータ(0x00)を用意します。struct.pack関数でbytes型のデータを作り、bytearray型にしておきます。スレーブセレクトピンをvalue(0)にしてデバイスを選択し、spi.write_readinto関数でコマンドを送信し、応答データを受信します。データを受信したら、スレーブセレクトピンをvalue(1)に戻してデバイスを選択を解除します。応答データはダミーデータ、上位バイト、下位バイトの3バイトのbytes型で、struct.unpack関数で上位バイトと下位バイトを合わせて取り出します。MCP3004は10ビットのデータが有効なので、0x03FFでマスクします。

```
ret = bytearray(3)                # 受信するデータバッファ
cmd = bytearray(struct.pack('BBB', 0x01, (0x08 | ch) << 4, 0x00))  # 送信コマンド
mcp3004_ss.value(0)               # デバイスを選択
spi.write_readinto(cmd, ret)      # コマンドを送信し、応答データを読む
mcp3004_ss.value(1)               # デバイスの選択を解除
val = struct.unpack('>BH', ret)   # 応答からデータを取り出す
# val[1]が上位バイト+下位バイトで、10ビットが有効なので0x03FFでマスクする
return val[1] & 0x03FF
```


MicroPythonでの周期処理

Arduinoではタイマ割込みを使って周期処理を実現しました。MicroPythonにもmachineモジュールにTimerクラスがあり、割込み処理関数が使えますが、周期が15ミリ秒以下だと割込み処理関数が実行されないことがあるため、1ミリ秒単位のサンプリングには使えません。Timerクラスの代わりにtimeモジュールのtime.ticks_us関数を使います。

周期処理の先頭でtime.ticks_us関数で開始時間を記録し、周期処理本体を実行し、周期処理が終わったら、開始時間から周期時間が経過するまでwhile文で時間調整をします。これをfor文でサンプリングする回数分繰り返します。

```
for i in range(SAMPLE_SIZE):      # サンプル数回繰り返す
    t = time.ticks_us()           # 開始時間を記録

    # 周期処理本体

    while((time.ticks_us() - t) < SAMPLE_PERIOD * 1000):  # 周期時間待つ
        pass
```

Ambientにデータを送信する部分は第5章で説明したものと同じです。

周期処理に少し工夫が必要ですが、1ミリ秒ごとにデータをサンプリングして平均値を計算し、クラウドサービスに送信するといった処理もMicroPythonでプログラミングできます。

まとめ

本章では、電流センサを使い、家庭の電力利用や工場の工作機械の電力利用状況を測定し、見える化するシステムを開発しました。実用的なIoTシステムもステップ・バイ・ステップで開発を進めることで、自作できることが分かったと思います。

電流センサ端末で家庭の電力利用をモニタすると、省エネ意識も高まるでしょうし、毎日の利用傾向を調べれば、見守りサービスのデータとしても使えそうです。工場の工作機械の電気使用状況を調べれば、機械の稼働状況を可視化し、稼働率の改善などに役立てられそうです。

第7章は、サーモグラフィカメラで部屋の熱分布を可視化します。

第7章

サーモグラフィカメラで熱分布を可視化する

── 「プレデター」の目のような動画を見られるWebカメラを作ろう

第6章では、電流センサを使い、家庭の電力利用や工場の工作機械の電力利用状況をクラウドサービスに送って見える化するシステムを開発しました。

第7章ではサーモグラフィカメラで熱分布を測定して可視化します。サーモグラフィは暗闇でも熱を持つ物体を捉えられるので、人の侵入監視や害獣の検知などに使えます。「プレデター」という映画に出てきた地球外生命体は赤外線を視覚化する目を持っていましたが、そんな画像が得られるカメラを作ります。

開発は次の手順で進めていきます。

1. 赤外線アレイセンサをマイコンにつないで熱分布を測定する
2. 熱分布を液晶画面で可視化する
3. マイコンでWebサーバを動かす
4. サーモグラフィWebカメラを作る

赤外線アレイセンサで熱分布を測定する

本節ではサーモグラフィで使われる赤外線アレイセンサのしくみを見た後、センサをマイコンにつないでデータを取得します。

赤外線アレイセンサのしくみ

物体は熱に応じて赤外線や可視光線を放射しています。この放射量を測定することで離れたところにある物体の表面温度を測ることができます。

赤外線は比較的低温でも放射されるので、赤外線の放射量をサーモパイルと呼ばれる素子で受信して、離れた物体の表面温度を測ります。その素子を格子(アレイ)状に並べて2次元の温度分布を測定できるようにしたものを赤外線アレイセンサといいます。離れた物体の温度が測定できるので非接触温度センサと呼ばれることもあり、2次元の温度分布を画像のように調べられることからサーモグラフィカメラと呼ばれることもあります。

もうひとつ、赤外線を検出するセンサとして、廊下の照明の自動制御などに使われるPIR(Passive Infrared Ray)センサがあります。PIRセンサは放射熱の「変化」を検知するセンサで、変化がないと検知できません。たとえばPIRセンサの前に放射熱を発している人間がいても、静止していると検知できません。それに対して赤外線アレイセンサは赤外線の放射量そのものを測定しているので、対象物が静止していても検出可能です。

赤外線アレイセンサを選ぶ

赤外線アレイセンサをスイッチサイエンスなどの電子部品の通販サイトで調べると、次のものが見つかります。

* OMRON MEMS非接触温度センサ D6T-44L-06
* Conta サーモグラフィー AMG8833搭載
* M5Stack用ミニサーマルカメラユニット(MLX90640搭載)

▽写真7-1：赤外線アレイセンサ

▽表7-1: 赤外線アレイセンサの仕様

	D6T-44L-06	AMG8833	MLX90640
温度測定範囲	5〜50℃	0〜80℃	-40〜300℃
精度	±1.5℃	±2.5℃	±1.5℃
画素数(横×縦)	4×4	8×8	32×24
視野角(横×縦)	45.7°×44.2°	60°×60°	110°×75°
電源電圧	4.5〜5.5V	3.3V	3.3V
インタフェース	I^2C	I^2C	I^2C
I^2C アドレス	0x0a	0x68または0x69	0x33

写真7-1は左から「OMRON MEMS非接触温度センサD6T-44L-06」「Conta サーモグラフィー AMG8833搭載」「M5Stack用ミニサーマルカメラユニット(MLX90640搭載)」です。これらの赤外線アレイセンサは**表7-1**のようなスペックです。

センサによって画素数や視野角、温度測定範囲などに違いがあり、どのセンサを選択するかはアプリケーションの要件によって決まります。たとえば部屋全体の温度分布を調べて、エアコンの風の向きを制御するようなアプリケーションの場合、あまり細かい画素数では計算が煩雑になるので、4×4あるいは8×8程度の画素数が適しているでしょう。見守りサービスなどで人の姿勢が知りたいようなアプリケーションではある程度の画素数が必要になります。

本章では画素数が8×8で扱いやすい「Conta サーモグラフィー AMG8833搭載」を使います。

ESP32に赤外線アレイセンサを接続する

「Conta サーモグラフィー」は I^2C でマイコンと通信するので、シリアルデータ(SDA)とシリアルクロック(SCL)、電源とグランドの4本でマイコンと接続します(**表7-2**)。マイコン側はSDAは21番ピン、SCLは22番ピンにつなぎます。「Conta サーモグラフィー」モジュールにはSDAとSCLのプルアップ抵抗は搭載されていないので、プログラムでプルアップします。

回路図は**図7-1**、実際にブレッドボード上に構成した回路は**写真7-2**のとおりです。

赤外線アレイセンサからのデータの取得

8×8に並んだ赤外線アレイセンサAMG8833の各画素は、**図7-2**のように右下から左上に向かって画素1、画素2、……、画素64と番号付けられています。

各画素の温度データは12ビット(11ビット+サインビット)で、1画素2バイトで表されます。1ビットが0.25°に対応します。I^2C 通信で次のように連続した128バイト(8×8×2バイト)の

▽表7-2 : ピン接続対応表

ESP32	Conta サーモグラフィー
GPIO21	SDA
GPIO22	SCL
3V3	3.3V
GND	GND

▽図7-1：ESP32と赤外線アレイセンサの回路図

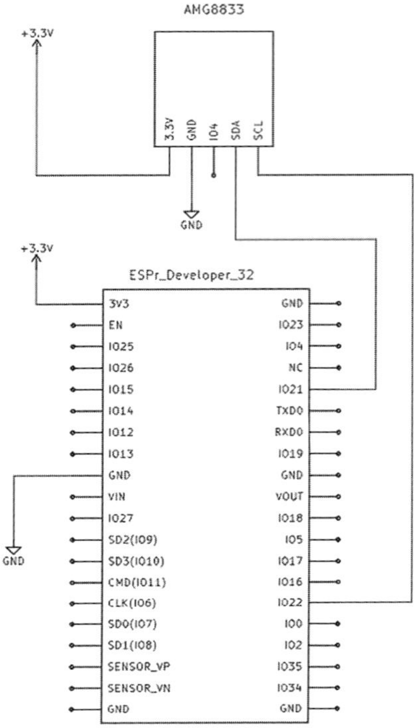

AMG8833
+3.3V
3.3V GND IO4 SDA SCL
GND
+3.3V
ESPr_Developer_32
3V3 EN IO25 IO26 IO15 IO14 IO12 IO13 GND VIN IO27 SD2(IO9) SD3(IO10) CMD(IO11) CLK(IO6) SD0(IO7) SD1(IO8) SENSOR_VP SENSOR_VN GND
GND IO23 IO4 NC IO21 TXD0 RXD0 IO19 GND VOUT IO18 IO5 IO17 IO16 IO22 IO0 IO2 IO35 IO34 GND
GND

▽写真7-2：ESP32と赤外線アレイセンサ

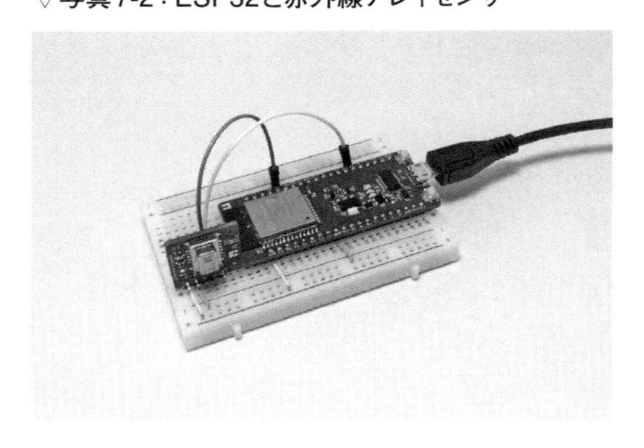

▽図7-2：AMG8833の画素

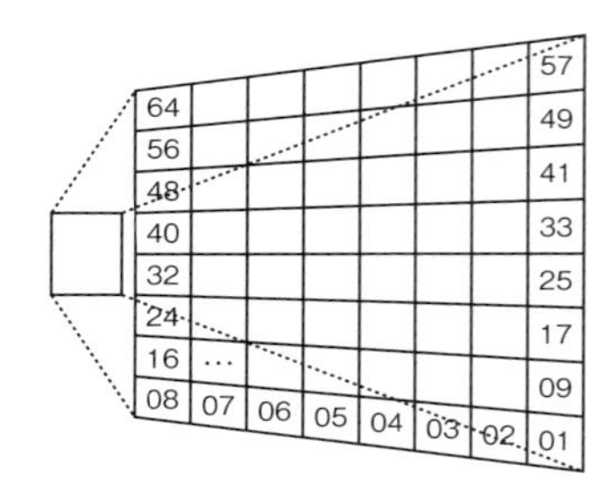

データとして読み出せます。

```
[画素1の下位バイト, 画素1の上位バイト, 画素2の下位バイト, 画素2の上位バイト, ..., 画素64の下位バイト, 画素64の上位バイト]
```

赤外線アレイセンサからデータを取得し、シリアルモニタに出力するプログラムは**プログラム7-1**のとおりです。

プログラム7-1をビルドして、マイコンに転送して実行すると、シリアルモニタに**図7-3**のような温度分布が表示されます。また、**写真7-3**はコップにお湯を入れて測ったデータです。右の方に温度の高い部分があるのが確認できます。

では、プログラムの中身を見ていきましょう。

AMG8833にはI²Cでアクセスします。第3章で解説したように、I²C通信には**Wire**ライブラリを使います。

▽プログラム7-1：AMG8833_test.ino

```
#include <Wire.h>

#define FPSC 0x02
#define INTC 0x03
#define AVE 0x07
#define T01L 0x80

#define AMG88_ADDR 0x68 // in 7bit

void write8(int id, int reg, int data) {  // idで示されるデバイスにregとdataを書く  ----①
    Wire.beginTransmission(id);  // 送信先のI2Cアドレスを指定して送信の準備をする
    Wire.write(reg);  // regをキューイングする
    Wire.write(data);  // dataをキューイングする
    uint8_t result = Wire.endTransmission();  // キューイングしたデータを送信する
}

void dataread(int id, int reg, int *data, int datasize) {  ----②
    Wire.beginTransmission(id);  // 送信先のI2Cアドレスを指定して送信の準備をする
    Wire.write(reg);  // regをキューイングする
    Wire.endTransmission();  // キューイングしたデータを送信する

    Wire.requestFrom(id, datasize);  // データを受信する先のI2Cアドレスとバイト数を指定する
    int i = 0;
    while (Wire.available() && i < datasize) {
        data[i++] = Wire.read();  // 指定したバイト数分、データを読む
    }
}

void setup() {
    Serial.begin(115200);
    while (!Serial) ;

    pinMode(21, INPUT_PULLUP);  // SDAをプルアップする  ----③
    pinMode(22, INPUT_PULLUP);  // SDAをプルアップする
    Wire.begin();

    write8(AMG88_ADDR, FPSC, 0x00);  // 10fps
    write8(AMG88_ADDR, INTC, 0x00);  // INT出力無効
    write8(AMG88_ADDR, 0x1F, 0x50);  // 移動平均出力モード有効(ここから)
    write8(AMG88_ADDR, 0x1F, 0x45);
    write8(AMG88_ADDR, 0x1F, 0x57);
    write8(AMG88_ADDR, AVE, 0x20);
```

第7章

```
    write8(AMG88_ADDR, 0x1F, 0x00);  // (ここまで)
}

void loop() {
    float temp[64];  // 8×8の温度データ

    int sensorData[128];  // センサからの8×8×2バイトの生データ
    dataread(AMG88_ADDR, T01L, sensorData, 128);  // 128バイトの画素データを読む  ----④
    for (int i = 0 ; i < 64 ; i++) {
        // 上位バイトと下位バイトから温度データを作る
        int16_t temporaryData = sensorData[i * 2 + 1] * 256 + sensorData[i * 2];
        if(temporaryData > 0x200) {  // マイナスの場合
            temp[i] = (-temporaryData +  0xfff) * -0.25;
        } else {                       // プラスの場合
            temp[i] = temporaryData * 0.25;
        }
    }

    for (int y = 0; y < 8; y++) {  // 8×8の温度データをシリアルモニタに出力する  ----⑤
        for (int x = 0; x < 8; x++) {
            Serial.printf("%2.1f ", temp[(8 - y - 1) * 8 + 8 - x - 1]);
        }
        Serial.println();
    }
    Serial.println("--------------------------------");
    delay(500);
}
```

▽図7-3：赤外線アレイセンサの出力

```
25.0 25.5 25.2 26.2 28.8 41.2 45.2 41.5
25.8 25.8 26.0 26.8 28.8 45.8 50.0 47.8
26.0 26.0 26.8 27.5 28.2 44.5 49.8 49.2
26.0 26.2 26.8 27.2 28.2 43.0 48.8 48.0
25.8 26.0 26.2 27.0 27.8 38.8 44.5 43.5
25.8 25.8 25.8 26.2 26.8 28.0 29.5 29.8
25.5 25.5 25.8 26.2 26.5 26.8 27.8 27.5
25.8 25.8 26.0 25.8 26.5 26.5 26.5 26.5
--------------------------------
```

▽写真7-3：赤外線アレイセンサで温度分布を調べる

①の**write8**関数でI²Cアドレスのデバイスにデータを2つ送っています。AMG8833の場合、レジスタ番号の内部レジスタにデータを書き込む動作をします。

②の**dataread**関数でI²Cアドレスのデバイスにレジスタ番号を送信し、**requestFrom**関数で、レジスタ番号の内部レジスタから指定したバイト数のデータを読んでいます。

③からが初期化処理で、SDAとSCLのピンをプルアップし、Wireライブラリを初期化し、AMG8833を初期設定しています。

loop関数の④の部分で、AMG8833からdataread関数で画素ごとの生データを128バイト読み取り、上位バイトと下位バイトから温度を計算しています。

⑤で計算した温度データをシリアルに出力しています。左上(57画素目)から順番に1行に8画素、8行の温度データのマトリクスを表示しています。

測定結果を液晶画面で可視化する

次に赤外線アレイセンサで取得した2次元の温度データを液晶画面に表示します。前節では2次元の温度データを数字のマトリクスで出力しましたが、今度は低い温度は青、中間の温度は緑、高い温度は赤という、いわゆるヒートマップで表示します。そのためにカラーの液晶画面を使います。

液晶画面へのアクセス

ここでは8×8の赤外線アレイセンサの出力を表示するので、解像度は低くても構いません。マイコンで使えるカラー液晶画面はいくつかありますが、Adafruit社製の「1.27インチ 16ビット色OLEDディスプレイ」を使います。主な仕様は次のとおりです。

* 色情報：16ビット
* 解像度：128 x 96
* インタフェース：SPI
* 電源電圧：3.3V～5.0V

「1.27インチ 16ビット色OLEDディスプレイ」はSPIでマイコンと通信します。SPIの信号線はMISO、MOSI、シリアルクロック(SCK)とスレーブセレクト(SS)の4本ですが、ディスプレイに出力するときはスレーブからマイコンに読み込むデータはないので、MISOは使いません。逆に、リセット信号(RST)とデータかコマンドかを区別する信号(DC)が必要です。

ESP32と「1.27インチ 16ビット色OLEDディスプレイ」は**表7-3**のように接続します。

第7章

▽**表7-3：ピン接続対応表**

ESP32	1.27インチ 16ビット色OLEDディスプレイ
GPIO18	SCLK
GPIO23	MOSI
GPIO16	DC
GPIO5	OLEDCS
GPIO4	RST
3V3	Vin
GND	GND

回路図は**図7-4**、実際にブレッドボード上に構成した回路は**写真7-4**のとおりです。

▽**図7-4：ESP32とOLEDディスプレイの回路図**

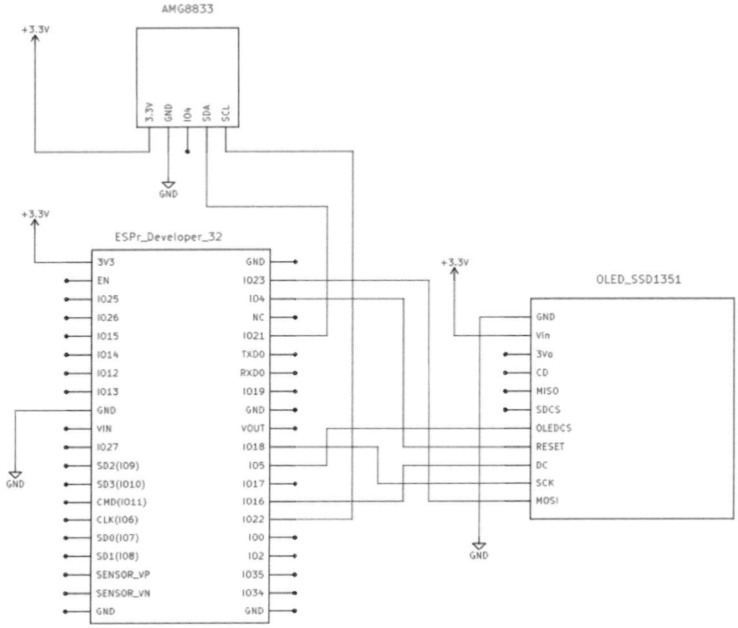

AMG8833
+3.3V
3.3V
GND
IO4
SDA
SCL
GND
+3.3V
ESPr_Developer_32
3V3
EN
IO25
IO26
IO15
IO14
IO12
IO13
GND
VIN
IO27
SD2(IO9)
SD3(IO10)
CMD(IO11)
CLK(IO6)
SD0(IO7)
SD1(IO8)
SENSOR_VP
SENSOR_VN
GND
GND
IO23
IO4
NC
IO21
TXD0
RXD0
IO19
GND
VOUT
IO18
IO5
IO17
IO16
IO22
IO0
IO2
IO35
IO34
GND
GND
+3.3V
OLED_SSD1351
GND
Vin
3Vo
CD
MISO
SDCS
OLEDCS
RESET
DC
SCK
MOSI
GND

▽**写真7-4：ESP32とOLEDディスプレイ**

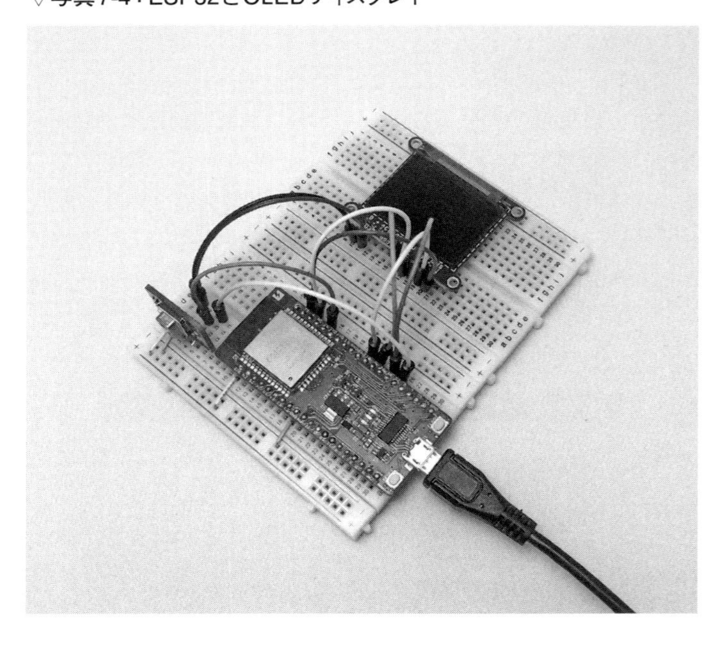

▽図7-5：SSD1351ライブラリのインストール

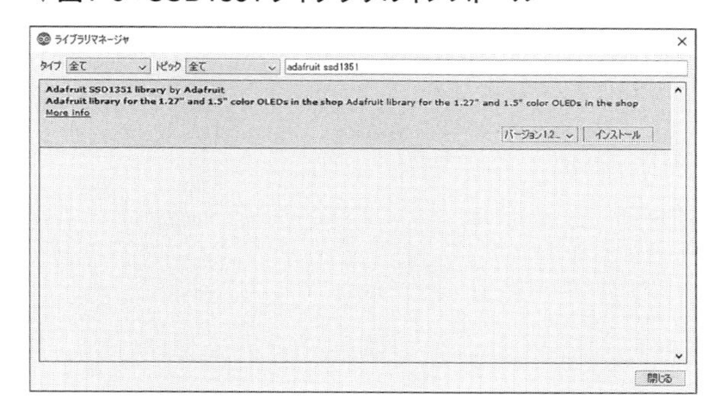

ライブラリのインストール

このOLEDディスプレイのライブラリはAdafruit社が提供していて、Arduino IDEのライブラリマネージャからインストールできます。

Arduino IDEの「スケッチ」メニューの「ライブラリをインクルード」の「ライブラリを管理…」をクリックして、ライブラリマネージャを立ち上げます。ライブラリマネージャの検索窓に「adafruit ssd1351」と入力すると、**図7-5**のように「Adafruit SSD1351 library by Adafruit」が検索されるので、最新版をインストールします。

同じように「gfx」と検索して「Adafruit GFX Library by Adafruit」を見つけ、最新版をインストールします。これでライブラリのインストールは完了です。

値を色で表現する

数値に対応して青→緑→赤と変化する色は、最初に青の成分が多く、次は緑、最後は赤の成分が多くなるように混ぜることで得られます(**図7-6**)。

青、緑、赤の成分量の制御は、直線で近似する方法、三角関数を使う方法などがありますが、

▽図7-6：ヒートマップを作る

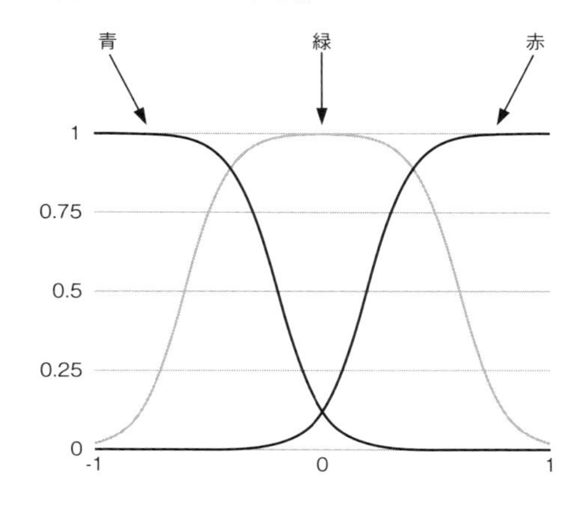

Qiitaというwebサイトにある「サーモグラフィ風の色変化をシグモイド関数で再現する」注1を参考に、シグモイド関数を使って実現しました。シグモイド関数は、**図7-6**の赤の線のように、ある値を境に急激に値が変化する関数です。

0から1の値を青→緑→赤と変化する色に変換するルーチンは次のようになります。

```
#include <Arduino.h>

float gain = 10.0;
float offset_x = 0.2;
float offset_green = 0.6;

float sigmoid(float x, float g, float o) {
    return (tanh((x + o) * g / 2) + 1) / 2;
}

uint32_t heat(float x) {  // 0.0〜1.0の値を青から赤の色に変換する
    x = x * 2 - 1;  // -1 <= x < 1 に変換

    float r = sigmoid(x, gain, -1 * offset_x);
    float b = 1.0 - sigmoid(x, gain, offset_x);
    float g = sigmoid(x, gain, offset_green) + (1.0 - sigmoid(x, gain, -1 * offset_green)) - 1;

    return (((int)(r * 255)>>3)<<11) | (((int)(g * 255)>>2)<<5) | ((int)(b * 255)>>3);
}
```

`gain`と`offset_x`、`offset_green`を変えると色の変化を調整できます。

「1.27インチ16ビット色OLEDディスプレイ」は、名前のとおり色を16ビットカラーで扱います。16ビットカラーは**図7-7**のように赤を5ビット、緑を6ビット、青を5ビットで表します。上のプログラムでは、赤(**r**)、緑(**g**)、青(**b**)の比率を0から1の数値で計算し、それぞれを255倍して8ビットデータにして、赤のデータは3ビット右シフト(**>>**)して5ビットにしたうえで11ビット左シフト(**<<**)して位置を揃えます。同様に緑のデータは2ビット右シフトして6ビッ

▽図7-7：16ビットカラーと24ビットカラー

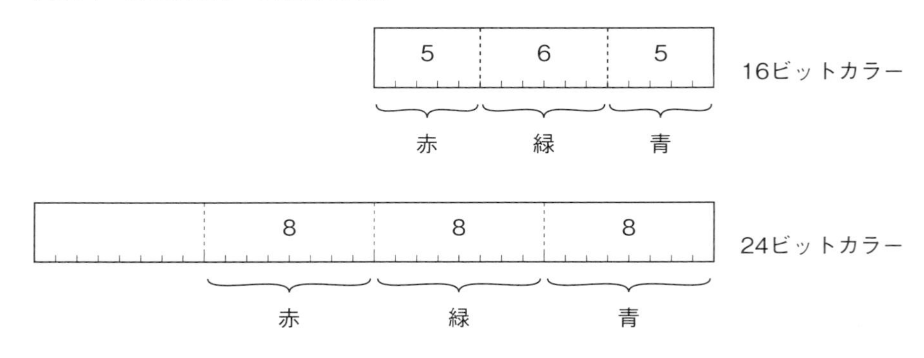

注1）https://qiita.com/masato_ka/items/c178a53c51364703d70b

トにした上で位置を揃え、青は3ビット右シフトして5ビットにして、最後に赤、緑、青をOR(|)で組み合わせて16ビットカラーデータにしています。

このルーチンをheat.cppというファイルにしてライブラリにしました。

赤外線アレイセンサの画像を液晶画面に表示する

Adafruit社製の液晶画面を制御するTFTライブラリには直線を描く、四角を描く、四角を塗りつぶす、円を描く、円を塗りつぶすなど、いろいろな機能があります。ここでは四角を塗りつぶす`fillRect`関数を使います。

TFTライブラリ

関数名

```
fillRect(int16_t x, int16_t y, int16_t w, int16_t h, uint16_t color);
```

説明

(x, y)の座標から、幅`w`、高さ`h`の四角を`color`で塗りつぶす

パラメータ

`x, y, w, h`: 四角の開始座標(x, y)と幅w、高さh

`color`: 16ビットカラー

戻り値

なし

```
tft.fillRect(x * CELL_W, y * CELL_H, CELL_W, CELL_H, color);
```

プログラムの`setup`関数と`loop`関数は**プログラム7-2**のとおりです。

`setup`関数ではWireライブラリ、AMG8833、液晶画面をそれぞれ初期化し、初期設定として液晶画面を黒く塗りつぶしています。

`loop`関数ではAMG8833から8×8画素の温度データを読み、左上の画素から順番に温度データを取得し、`heat`関数で16ビットカラーのデータに変換し、`fillRect`関数で液晶画面に色を塗っています。

このプログラムをビルドして、マイコンに転送して実行すると、液晶画面に**図7-8**のような温度分布が表示されます。数字のマトリクスよりもはるかに分かりやすい出力が得られました。

▽プログラム7-2：AMG8833_OLED.ino

```
#define SCREEN_WIDTH  128
#define SCREEN_HEIGHT 96 // Change this to 96 for 1.27" OLED.

#define    BLACK           0x0000

Adafruit_SSD1351 tft = Adafruit_SSD1351(SCREEN_WIDTH, SCREEN_HEIGHT, CS_PIN, DC_PIN, MOSI_
PIN, SCLK_PIN, RST_PIN);

uint32_t heat(float);            // heat関数の宣言

void setup() {
    Serial.begin(115200);
    while (!Serial) ;

    pinMode(21, INPUT_PULLUP);  // SDAをプルアップする
    pinMode(22, INPUT_PULLUP);  // SDAをプルアップする
    Wire.begin();               // Wireライブラリを初期化
    amg8833.begin();            // AMG8833を初期化

    tft.begin();                // 液晶画面を初期化
    tft.fillRect(0, 0, SCREEN_WIDTH, SCREEN_HEIGHT, BLACK);  // 液晶画面を黒く塗りつぶす
}

#define CELL_W (SCREEN_WIDTH / 8)
#define CELL_H (SCREEN_HEIGHT / 8)

void loop() {
    float temp[64];  // AMG8833から読んだ8 x 8の温度データ

    amg8833.read(temp);  // AMG8833から温度データを読む

    for (int y = 0; y < 8; y++) {
        for (int x = 0; x < 8; x++) {
            float t = temp[(8 - y - 1) * 8 + 8 - x - 1];  // 左上の画素から順番に温度を取得
            // 色を計算
            uint16_t color = heat(map(constrain((int)t, 0, 60), 0, 60, 0, 100) / 100.0);
            tft.fillRect(x * CELL_W, y * CELL_H, CELL_W, CELL_H, color);  // 液晶画面に色を塗る
        }
    }
}
```

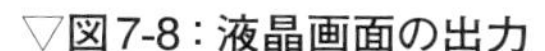
▽図7-8：液晶画面の出力

マイコンでWebサーバを動かす

赤外線アレイセンサで2次元の温度データを取得して、液晶画面に色で温度分布を表示できたので、次はこのデータをブラウザからアクセスできるようにしてみましょう。そのために、マイコンでWebサーバを動かし、ブラウザからアクセスされたら、温度分布データを返すようにします。

ESP32で使えるWebサーバフレームワーク

Arduino IDEのスケッチ例には次の2つのWebサーバの例があります。

* 「ファイル」メニュー→「スケッチ例」→「WiFi」→「SimpleWiFiServer」
* 「ファイル」メニュー→「スケッチ例」→「WebServer」→「HelloServer」

この2つは違うWebサーバフレームワークを使っていますが、後者のフレームワークの方が構造化されていて使いやすいので、後者を使います。

ブラウザからアクセスされたら「hello」という文字列を表示するプログラム例を見てみましょう（**プログラム7-3**）。

`WebServer`のインスタンスを作り、`on`メソッドで、URLへのアクセスに対する処理関数を登録します。`begin`メソッドでWebサーバを起動し、`loop`関数で`handleClient`メソッドでクライアントからのリクエストを処理します。

▽プログラム7-3：webserver.ino

```
#include <WiFi.h>         // 必要なヘッダファイルをインクルードする
#include <WiFiClient.h>
#include <WebServer.h>
#include <ESPmDNS.h>      // mDNS

WebServer server(80);     // ポート番号を指定してWebServerのインスタンスを作る

const char *ssid = "ssid";
const char *password = "password";

void serverRoot() {  // "/"へのアクセスを処理する関数
    String msg = "hello";  // レスポンスメッセージを用意
    Serial.println(msg);
    server.send(200, "text/plain", msg);  // レスポンスを返信する
}

void handleNotFound(){  // 指定していないURLへのアクセスの処理関数
  String msg = "";
  server.send(404, "text/plain", "");
}

void setup() {
    Serial.begin(115200);
    while (!Serial) ;

    WiFi.begin(ssid, password);     // Wi-Fiネットワークに接続
    while (WiFi.status() != WL_CONNECTED) {
      delay(500);
      Serial.print(".");
    }
    Serial.print("/r/nWiFi connected: ");
    Serial.println(WiFi.localIP());

    if (MDNS.begin("esp32")) {  // mDNSの初期設定
        Serial.println("MDNS responder started");
    }

    server.on("/", HTTP_GET, serverRoot);  // URLを指定して、処理する関数を登録する
    // 指定していないURLへのアクセスを処理する関数を登録する
    server.onNotFound(handleNotFound);
    server.begin();                        // Webサーバを起動する
    Serial.println("access: http://esp32.local");
}

void loop() {
  server.handleClient();  // クライアントからのリクエストを処理する
}
```

onメソッドで指定したURLにブラウザからのアクセスがあると、登録した処理関数が呼ばれ、アクセスを処理します。**プログラム7-2**では「hello」というメッセージを返しています。

また、この例ではmDNS(multicast DNS)というサーバも動かしています。これはローカルネットワーク内で動作するDNSサーバで、名前をIPアドレスに変換してくれるため、IPアドレスの代わり、指定した名前「esp32」+「.local」でこのWebサーバにアクセスできます。

プログラムをビルドして、実行し、Webブラウザで **http://esp32.local** というURLにアクセスすると、「hello」という文字列が表示されます。これでESP32上で簡単なWebサーバを動かすことができました。

サーモグラフィWebカメラを作る

ではいよいよ赤外線アレイセンサとWebサーバを組み合わせて、赤外線アレイセンサで撮った熱分布画像をブラウザから見られるようにするWebカメラを作ります。

赤外線アレイセンサの画像データをWebサーバに載せる

前節の簡単なWebサーバはURLに対して処理関数を登録できる構造になっています。そこで、**/capture**というURLにアクセスされたら次のHTMLを返すようにします。

```
<html>
  <body>
    <div align="center">
      <img src="/thermal.svg" width="400" height="400" />
    </div>
  </body>
</html>
```

ブラウザがこのHTMLを受け取ると、次に**/thermal.svg**にアクセスするので、ここで赤外線アレイセンサのデータを返すようにします。プログラム全体は**プログラム7-4**のようになります。

前節の簡単なWebサーバをベースに、赤外線アレイセンサの画像データを返す処理を追加し

▽プログラム7-4：AMG8833_web.ino

```
#include <WiFi.h>
#include <WiFiClient.h>
#include <WebServer.h>
#include <ESPmDNS.h>
#include <Wire.h>
#include "AMG8833.h"          // 赤外線アレイセンサのヘッダファイル  -----①

#define AMG88_ADDR 0x68       // 赤外線アレイセンサのI2Cアドレス

AMG8833 amg8833(AMG88_ADDR);  // 赤外線アレイセンサのインスタンスを生成

const char *ssid = "ssid";
const char *password = "password";

WebServer server(80);
```

第7章

```
void handleRoot() {
    String msg = "hello";  // レスポンスメッセージを用意
    Serial.println(msg);
    server.send(200, "text/plain", msg);  // レスポンスを返信する
}

void handleCapture() {  // /captureにアクセスされたときの処理  ----②
    char buf[400];

    snprintf(buf, 400,  // thermal.svgというファイルにアクセスするHTMLを作る
   "<html>/
    <body>/
        <div align=/"center/">/
            <img src=/"/thermal.svg/" width=/"400/" height=/"400/" />/
        </div>/
    </body>/
    </html>"
          );
    server.send(200, "text/html", buf);  // HTMLを返信する
}

void handleNotFound() {
    String message = "File Not Found/n/n";
    message += "URI: ";
    message += server.uri();
    message += "/nMethod: ";
    message += (server.method() == HTTP_GET) ? "GET" : "POST";
    message += "/nArguments: ";
    message += server.args();
    message += "/n";

    for (uint8_t i = 0; i < server.args(); i++) {
        message += " " + server.argName(i) + ": " + server.arg(i) + "/n";
    }

    server.send(404, "text/plain", message);
}

uint32_t heat(float);            // heat関数の宣言 ----③

void setup(void) {
    Serial.begin(115200);

    pinMode(21, INPUT_PULLUP);  // AMG8833にアクセスする準備
    pinMode(22, INPUT_PULLUP);
    Wire.begin();
    amg8833.begin();

    WiFi.mode(WIFI_STA);
    Serial.println("");

    // Wait for connection
    WiFi.begin(ssid, password);
    while (WiFi.status() != WL_CONNECTED) {
        delay(500);
        Serial.print(".");
    }
```

```
    Serial.println("");
    Serial.print("Connected to ");
    Serial.println(ssid);
    Serial.print("IP address: ");
    Serial.println(WiFi.localIP());

    if (MDNS.begin("thermoCam")) {
        Serial.println("MDNS responder started");
    }

    server.on("/", handleRoot);
    server.on("/capture", handleCapture);  // /captureの処理関数を登録  ----④
    server.on("/thermal.svg", handleThermal);  // /thermal.svgの処理関数を登録
    server.onNotFound(handleNotFound);
    server.begin();
    Serial.println("access: http://thermoCam.local/capture");
}

float temp[64];
unsigned long lastT = 0;

void loop(void) {
    server.handleClient();

    if ((millis() - lastT) > 500) {  // ----⑤
        lastT = millis();

        amg8833.read(temp);  // AMG8833から温度データを取得
    }
}

void handleThermal() {  // /thermal.svgの処理関数  ----⑥
    String out = "";
    char buf[100];  // AMG8833の画素データを
    out += "<svg xmlns=/"http://www.w3.org/2000/svg/" version=/"1.1/">/n";
    for (int y = 0; y < 8; y++) {
        for (int x = 0; x < 8; x++) {
            float t = temp[(8 - y - 1) * 8 + 8 - x - 1];
            uint32_t color = heat(map(constrain((int)t, 0, 60), 0, 60, 0, 100) / 100.0);
            Serial.printf("%2.1f ", t);
            sprintf(buf, "<rect x=/"%d/" y=/"%d/" width=/"50/" height=/"50/" fill=/"#%06x/"
/>/n",
                x * 50, y * 50, color);
            out += buf;
        }
        Serial.println();
    }
    Serial.println("--------------------------------");
    out += "</svg>/n";

    server.send(200, "image/svg+xml", out);
}
```

第
7
章

ているので、追加した部分を見ていきましょう。

①で赤外線アレイセンサAMG8833のヘッダファイルをインクルードし、インスタンスを生成しています。

②のhandleCaptureは/captureというURLにアクセスされたときの処理関数で、/thermal.svgにアクセスするHTMLをクライアントに返しています。

③は温度データを色データに変換するheat関数の宣言です。液晶画面に表示したときのものとほぼ同じですが、液晶画面は16ビットカラーデータだったのに対して、HTMLでは24ビットカラーを使うので、24ビットカラーを返します。

setup関数の④で/captureと/thermal.svgにアクセスされたときの処理関数を登録しています。

loop関数の中の⑤で、500ミリ秒に1回、赤外線アレイセンサから温度データを取得しています。

⑥が赤外線アレイセンサの画像データを返す処理です。画素数が8×8と多くないので、JPEGなどの画像データは作らず、SVG(Scalable Vector Graphics)で画面に色を塗っています。

SVGはベクター形式の画像フォーマットで、直線、四角形、多角形、円、楕円などを描画するタグが用意されています。このプログラムでは四角形を描くrectタグを使い、8×8の画素のひとつひとつに対して次のようなrectタグを作り、ブラウザ画面上に64個の四角を描き、温度に対応した色を塗っています。

```
<rect x="0" y="0" width="50" height="50" fill=color />
```

このプログラムをビルドして動かし、ブラウザでhttp://thermoCam.local/captureにアクセスすると、赤外線アレイセンサの画像データが表示されます(図7-9)。

▽図7-9：赤外線アレイセンサデータをブラウザで見る

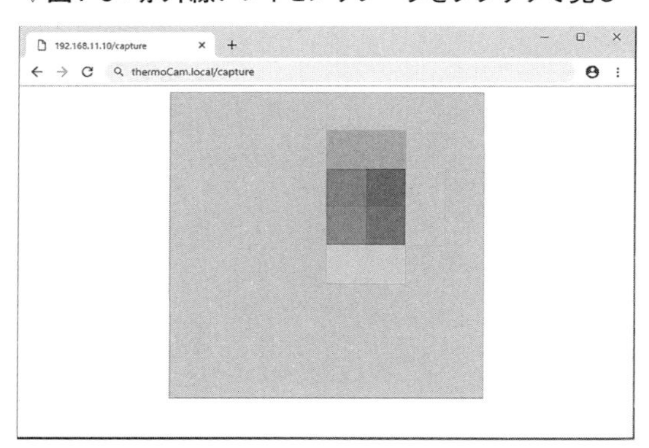

静止画ではなく動画を見る

ブラウザで赤外線アレイセンサの静止画が見られるようになったので、次は動画が見られるようにします。

/captureにアクセスすると静止画が見られる機能はそのまま残し、さらに/streamにアクセスすると動画が見られるようにします。

setup関数の中に/streamへアクセスされたときの処理関数を登録します。

```
server.on("/stream", handleStream);  // /streamの処理関数を登録
```

/streamの処理関数は**プログラム7-5**のようにしました。

HTMLのheadタグで0.5秒ごとにこのページを更新するようにブラウザに指定しています。こうすることでブラウザは0.5秒ごとに/thermal.svgへアクセスし、赤外線アレイセンサの値を読んで画像データを更新します。擬似的な動画ですが、サーマルWebカメラを動かせました。

まとめ

本章では赤外線アレイセンサを使って熱分布を測定し、ヒートマップにして液晶画面で表示し、最後にブラウザで見られるサーモグラフィWebカメラを開発しました。

本章では4ステップで開発をおこない、各ステップで動作確認をしながら開発を進めました。実際の開発でも、本章でやったようにステップ・バイ・ステップで、途中で動作確認をしながら開発を進める方法が有効です。いきなり大きな機能を開発すると、うまく動作しなかったと

▽プログラム7-5：AMG8833_web_stream.ino

```
void handleStream() {  // /streamにアクセスされたときの処理
    char buf[400];

    snprintf(buf, 400,  // thermal.svgというファイルにアクセスするHTMLを作る
   "<html>/
    <head>/
        <meta http-equiv='refresh' content='0.5'/>/
    </head>/
    <body>/
        <div align=/"center/">/
            <img src=/"/thermal.svg/" width=/"400/" height=/"400/" />/
        </div>/
    </body>/
    </html>"
          );
    server.send(200, "text/html", buf);  // HTMLを返信する
}
```

きに、問題の箇所を見つけるのが大変です。動作確認しながらステップ・バイ・ステップで開発することで、うまく動作しなかったときの問題箇所を特定しやすくなります。

第8章ではモノの制御に取り組みます。本章で開発したサーモグラフィWebカメラを上下左右に首を振れるパンチルト機構に載せ、熱源を追いかけるカメラを作ります。

第8章

サーボモーターで熱源を追跡する

―― 可視化だけでなく、モノを制御してみよう

第3章から第7章までいくつかのIoT端末を開発してきました。これらの端末は温度、湿度、電流値、温度分布など現実世界の状態を測定するIoT端末です。IoT端末にはもうひとつの役割、現実世界の制御があります。

本章では、第7章で開発したサーモグラフィWebカメラと、サーボモーターで制御するカメラマウントを組み合わせ、常に熱源の方を追跡する端末、モノを制御するIoT端末を開発します。

開発は次の手順で進めます。

1. サーボモーターをマイコンにつないで動かす
2. カメラマウントを組み立て、マイコンで動かす
3. ジョイスティックでカメラマウントを動かす
4. カメラマウントに赤外線アレイセンサを載せ、もっとも温度の高い画素を見つける
5. もっとも温度の高い画素が画面の中央にくるようにカメラマウントを動かす

ここでもステップ・バイ・ステップで、動作を確認しながら開発を進めます。

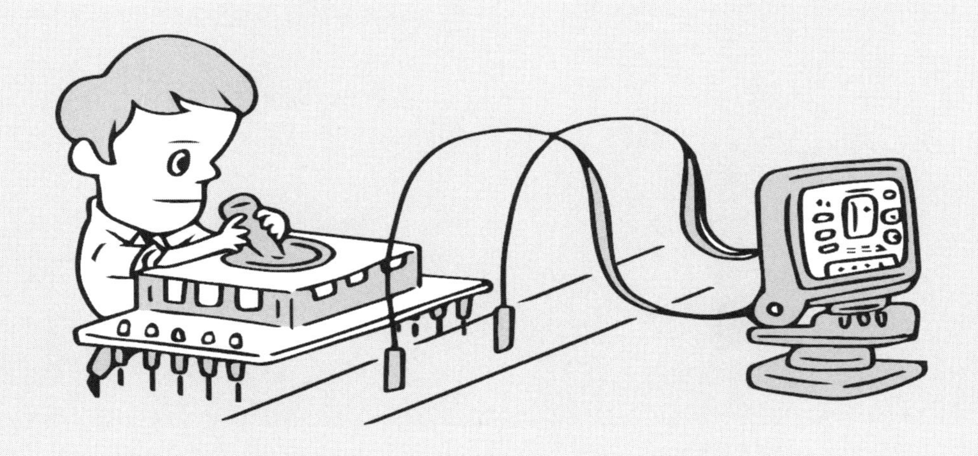

サーボモーターを制御する

最初に、カメラマウントを制御するサーボモーターのしくみを調べ、実際にサーボモーターをマイコンにつないで制御してみます。

サーボモーターとは

モーターといえば、電源をつなぐとグルグル回転するものを思い浮かべるかもしれませんが、サーボモーターは制御信号によってある角度まで回転し、その角度を維持するモーターです(**図8-1**)。

サーボモータを動かすしくみ

サーボモーターはモーターの駆動部と角度を検出する検出部、そして制御部から構成され、検出部で検出した角度が指示された角度になるように、制御部がモーターを制御します。

本章で使用するSG90というサーボモーターはラジコンなどで使われる簡単なもので、角度によって抵抗値が変わるポテンショメータと直流モーターと制御部から構成されます(**写真8-1**)。ここからはSG90を例にサーボモーターの制御方法を見ていきます。

SG90の仕様は次のようになっています。

* PWM周期：20ミリ秒
* 制御パルス：0.5ミリ秒～2.4ミリ秒
* 制御角：±約90°（180°）
* トルク：1.8kgf・cm
* 動作速度：0.1秒/60度
* 動作電圧：4.8V（～5V）

SG90はパルス幅でモーター角度を制御します。PWM周期が20ミリ秒、つまり50Hzで、パルス幅を0.5ミリ秒にするとモーター角度が-90°に、1.45ミリ秒にすると0°に、2.4ミリ秒にす

▽図8-1：サーボモーター

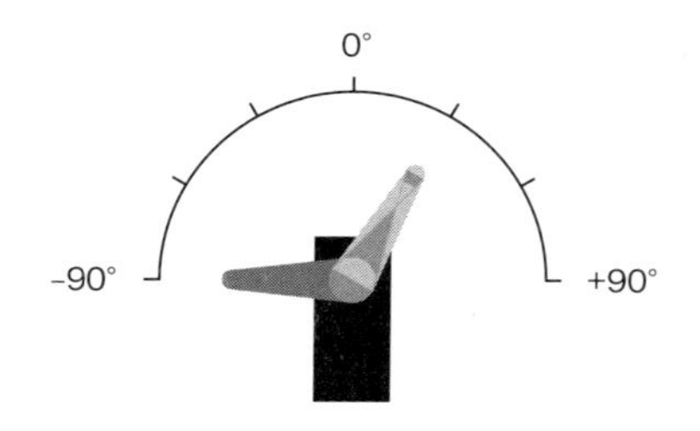

▽写真8-1：SG90

▽図8-2：PWM信号によるサーボモーター制御

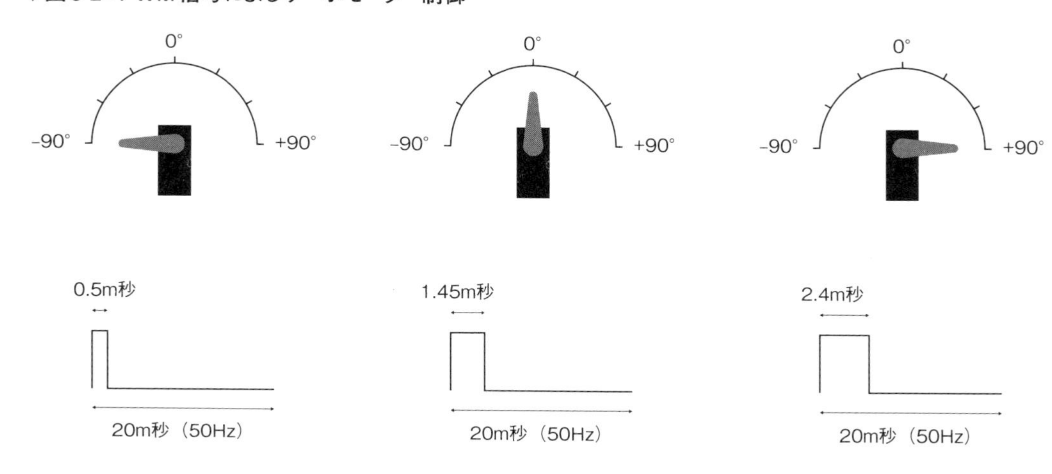

ると+90°になります(**図8-2**)。こうしたパルス幅での制御をPWM(Pulse Width Modulation: パルス幅変調)といいます。

PWM信号についてもっと知る

PWM信号は**図8-3**のような形をした波形です。

縦軸が電圧、横軸が時間を表しています。電圧が高い区間をパルス幅、山谷の繰り返し間隔をPWM周期といい、どちらも単位は時間です。1秒間のPWM周期数を周波数といい、単位はHzです。また、パルス幅とPWM周期の比率をデューティ比といいます(**図8-4**)。デューティ比を変えることで、実効的な電圧を変えることができます。

たとえばLEDは加える電圧によって明るさが変わります。LEDにPWM信号を加え、デューティ比を変えることで実効電圧を制御し、LEDの明るさを変えることができます。

▽図8-3：PWM信号

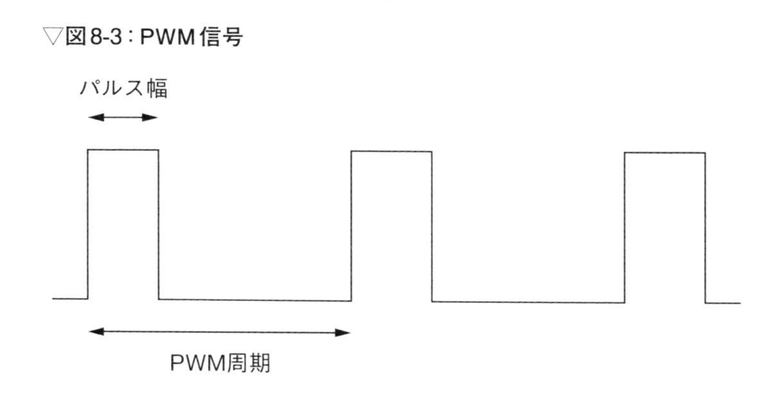

▽図8-4：デューティ比と実効電圧

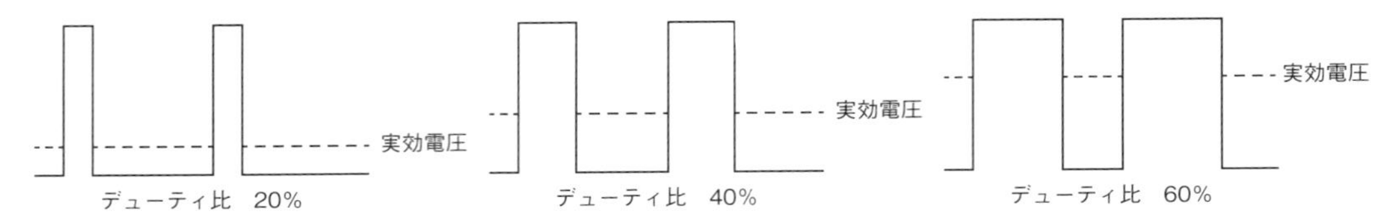

マイコンからPWM信号の出力方法

Arduinoで PWM信号を出力する方法はマイコンの機種によって異なります。Arduinoの基本モデルであるArduino UNOでは、`analogWrite`関数でPWM信号を出力できます。また、サーボモータを制御するServoというライブラリも提供されています。

ESP32では`analogWrite`関数は提供されておらず、Servoライブラリもありません。ESP32でPWM信号を出力するには、LEDの明るさを制御するために用意されたledcライブラリを使います。

ESP32のArduinoには16のPWM制御チャネルがあります。`ledcSetup`関数でPWMチャネルの周波数を指定して初期設定します。PWMチャネルにはカウンタがあり、カウンタの最大値が2の`resolution_bits`乗に、つまり`resolution_bits`が10なら1023に設定されます。

ledcライブラリ

関数名

```
ledcSetup(uint8_t channel, double freq, uint8_t resolution_bits);
```

説明

PWMチャネルを初期設定する

パラメータ

`channel`: チャネル。0～15

`freq`: 周波数

`resolution_bits`: 分解能(ビット数)

戻り値

設定された周波数

`ledcAttachPin`関数でPWMチャネルにピンを割り当てます。ESP32のどのGPIOピンでも割り当てられます。

ledcライブラリ

関数名

```
ledcAttachPin(uint8_t pin, uint8_t channel);
```

説明

PWMチャネルにピンを割り当てる

パラメータ

pin: 割り当てるピン番号

channel: チャネル

戻り値

なし

ledcWrite関数でdutyを設定すると、duty値の分だけ出力がHIGHになります。resolution_bitsを10に設定するとカウンタの最大値が1023になり、それに対してdutyを512に設定するとデューティ比50%のPWM信号が出力されます。

ledcライブラリ

関数名

```
ledcWrite(uint8_t channel, uint32_t duty);
```

説明

PWMチャネルにパルス幅(HIGHになる値)を設定する

パラメータ

channel: チャネル

duty: vパルス幅(出力がHIGHになる期間)

戻り値

なし

ESP32にサーボモーターSG90を接続する

次に、**表8-1**のとおりサーボモーターSG90をマイコンに接続します。回路図にすると**図8-5**のようになります。

PWM信号によるサーボモーターの制御

続いてPWM信号でサーボモーターを制御します。

PWM制御のチャネルは15、ピンはGPIO4を使います。SG90のPWM周期は20ミリ秒なの

▽表8-1：ピン接続対応表

SG90	ESP32
PWM（橙）	GPIO4
Vcc	3V3
GND	GND

▽図8-5：ESP32とSG90

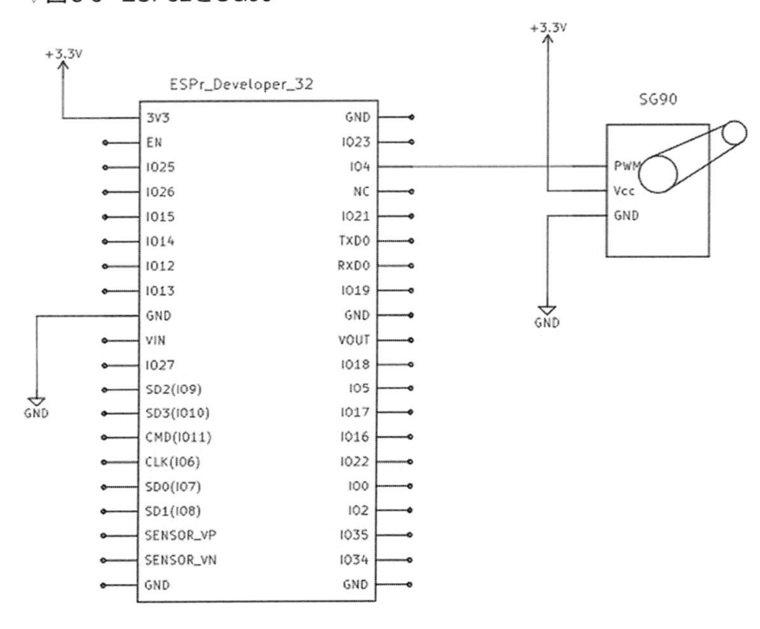

で、周期は50Hzを指定します。分解能は10ビットにしたので、カウンタの最大値が1023になります。

SG90はパルス幅を0.5ミリ秒にするとモーター角度が-90°に、1.45ミリ秒にすると0°に、2.4ミリ秒にすると+90°になります。周期が20ミリ秒なので、0.5ミリ秒はデューティ比2.5%（＝0.5 ÷ 20）、`ledcWrite`関数で指定する`duty`値を26（≒ 1023 × 2.5%）にするとモーター角度が-90°になります。同様にduty値を123にするとモーター角度が+90°になります。

このような比例計算はArduinoの`map`関数を使うと簡単に計算できます。モーター角度`angle`に対して、`duty`値は次のようになります。

```
duty = map(angle, -90, 90, 26, 123);
```

SG90の制御は再利用できるようにライブラリにしておきましょう。ヘッダファイルSG90.hでは**プログラム8-1**のようにSG90のクラスを定義します。また、ライブラリ本体SG90.cppは**プログラム8-2**のようになります。

▽プログラム8-1：SG90.h

```
#ifndef SG90_H
#define SG90_H

class SG90 {
public:
    SG90(void) {};
    virtual ~SG90(void) {};
    void begin(int pin, int ch);
    void write(int angle); // from -90 to +90
    void move(int);
private:
    int _ch;
    int _angle;
    int _min = 26;  // (26/1024)*20ms ≒ 0.5 ms  (-90°)
    int _max = 123; // (123/1024)*20ms ≒ 2.4 ms (+90°)
};

#endif // SG90_H
```

▽プログラム8-2：SG90.cpp

```
#include "SG90.h"
#include <M5Stack.h>

int prevch;                // 前に制御したチャネル

void SG90::begin(int pin, int ch) {
    _ch = ch;
    ledcSetup(_ch, 50, 10);
    ledcAttachPin(pin, _ch);
    SG90::write(0);
}

void SG90::write(int angle) {
    if (prevch != _ch) {  // 前と違うチャネルを制御するときは
        delay(50);         // 50ミリ秒待つ
    }
    prevch = _ch;
    ledcWrite(_ch, map(constrain(angle, -90, 90), -90, 90, _min, _max));
    _angle = constrain(angle, -90, 90);
    Serial.printf("%d: %d/r/n", _ch, _angle);
}

void SG90::move(int angle) {
    SG90::write(_angle + angle);
}
```

beginメソッドでチャネルとピンを指定して初期化をします。**write**メソッドで指定した角度にSG90を動かします。

1つのESP32で2台以上のSG90を制御するとき、異なる2台を連続して動かすと、2台がほぼ同時に動いて大きな電流が流れ、ESP32の電源電圧が低下してリセットがかかる場合があり

▽プログラム8-3：SG90_test.ino

```
#include "SG90.h"

SG90 sg90;              // SG90のインスタンスを作る

void setup() {
    Serial.begin(115200);
    while (!Serial) ;

    sg90.begin(4, 15);  // GPIO4、チャネル15で初期化
}

void loop() {
    for (int angle = -90; angle <= 90; angle += 90) {  // 角度を-90°から90°まで90°ずつ増やす
        sg90.write(angle);                              // SG90を動かす
        delay(500);
    }
}
```

ます。そこで**prevch**という変数で前に制御したチャネルを記録し、前と違うチャネルを制御するときは50ミリ秒待ってから動かすようにしています。

writeメソッドの中で使っている**constrain**という関数は、**constrain(x, a, b);**とすることで、**x**の値を**a**から**b**の範囲に収めてくれます。**x**の値が**a**から**b**の範囲であれば**x**の値が返り、**a**以下の場合は**a**が、**b**以上の場合は**b**が返ります。サーボモーターの例のように、制御する角度を-90°から+90°の範囲に制限する場合などに使います。**map**関数と合わせて、Arduinoで用意されている便利な関数です。

moveメソッドはSG90の角度を現在の角度から引数で指定した角度だけ増減させます。

こうして作ったSG90ライブラリは、SG90.hとSG90.cppをArduinoプログラムと同じフォルダにおき、**プログラム8-3**のように使います。

ヘッダファイルSG90.hをインクルードし、SG90のインスタンスを作ります。**setup**関数で**begin**メソッドでSG90を制御するピンとPWM制御のチャネル番号を指定して初期化し、**loop**関数で**write**メソッドで角度を指定してSG90を動かしています。

プログラム8-3をビルドして動かすとSG90が-90°、0°、+90°と角度を変えるのが確認できます。

カメラマウントを組み立てる

サーボモーターの制御方法が分かったので、次はカメラマウントを組み立てます。本章では上下左右に首を振れる簡単なカメラマウントのキット「Pan/Tilt 機構作成キット」を使います。キットに入っている「組み立てガイド」にしたがってキットを組み立てます。

このキットは台座（**写真8-2左**）と水平（パン）方向に回転する台（**写真8-2中央**）、上下（チルト）方向に角度を変える台（**写真8-2右**）から構成され、水平方向、上下方向を2個のSG90で動かします。

▽写真8-2：パンチルト機構

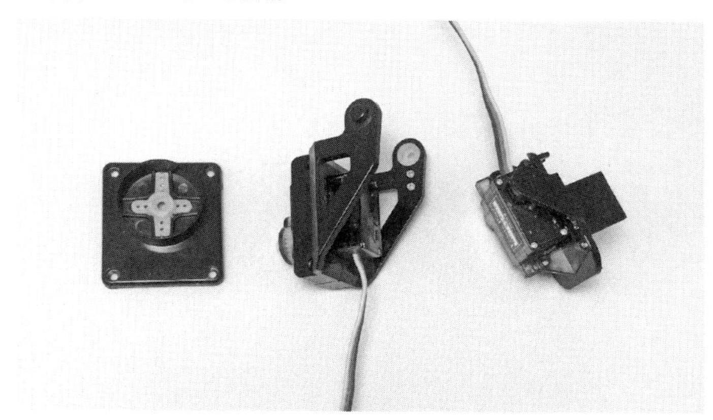

2個のSG90はそれぞれGPIO4とGPIO5につないで制御します(**図8-6、写真8-3**)。

カメラマウントを動かす

カメラマウントを組み立てたら、ESP32で動かしてみます。水平方向、上下方向を制御するSG90に対応して、`pan`と`tilt`というSG90のインスタンスを生成し、上下左右に動かします(**プログラム8-4**)。

▽図8-6：パンチルト機構の制御回路

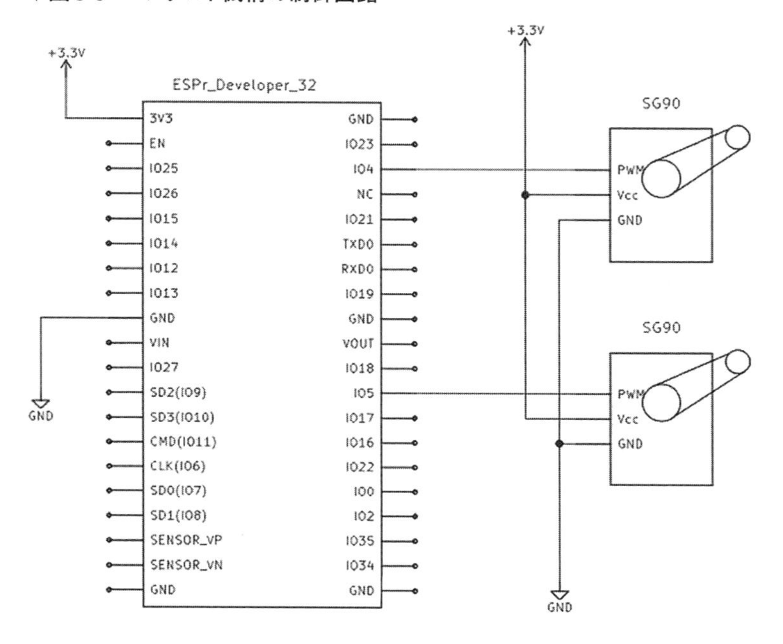

▽写真8-3：配線の様子

▽プログラム8-4：pantilt_test.ino

```
#include "SG90.h"

SG90 pan;               // 水平方向を制御するSG90のインスタンス
SG90 tilt;              // 上下方向を制御するSG90のインスタンス

void setup() {
    Serial.begin(115200);
    while (!Serial) ;

    pan.begin(4, 15);  // GPIO4、チャネル15で初期化
    tilt.begin(5, 14);  // GPIO5、チャネル14で初期化
}

void loop() {
    pan.write(0);       // 水平方向、正面を向く
    tilt.write(0);      // 上下方向も正面を向く
    delay(500);

    for (int a = 0; a >= -90; a -= 10) {
        pan.write(a);   // 10°ずつ右を向く
        tilt.write(a);  // 10°ずつ上を向く
        delay(50);
    }
    delay(500);

    for (int a = -90; a <= 90; a += 10) {
        pan.write(a);   // 10°ずつ左を向く
        tilt.write(a);  // 10°ずつ下を向く
```

```
        delay(50);
    }
    delay(500);

    for (int a = 90; a >= 0; a -= 10) {
        pan.write(a);    // 10°ずつ右を向く
        tilt.write(a);   // 10°ずつ上を向く
        delay(50);
    }
    delay(1000);
}
```

プログラム8-4をビルドして動かすと、カメラマウントが水平方向、上下方向に首を振るのが確認できます。

ジョイスティックでカメラの向きを制御する

ESP32のプログラムでカメラマウントが制御できたので、次はジョイスティックで制御してみましょう。

ジョイスティックとは

ジョイスティックはゲームのコントローラなどで方向を入力するのに使われるデバイスです。マイコン用には**写真8-4**のように上下左右に動くツマミがついて、ブレッドボードに挿せるものがあります。

本章で使うジョイスティックは簡単なもので、上下方向と左右方向、それぞれの動きに対応する10kΩの可変抵抗がついています。可変抵抗はピン1とピン3の間の抵抗値は変わらず、ツマミの動きに応じてピン1とピン2の間の抵抗値が0Ωから10kΩの間を変化します。

ESP32にジョイスティックを接続する

ジョイスティックのピン1を電源(3.3V)に、ピン3をグランドにつなぐと、ピン2の電圧は0Vから3.3Vまで変化します。その電圧をESP32の`analogRead`関数で読みます。

▽写真8-4：ジョイスティック

第8章

まず、**図8-7**のようにESP32とジョイスティックをつなぎます。

プログラム8-5でジョイスティックの2方向のピン2の電圧を測り、シリアルに出力します。

ツマミを動かすと、それに応じて値が変化するのが確認できます。手を離すとツマミは中央に戻りますが、ここで使ったジョイスティックは簡単なもので、電圧値は正確には元の値には戻りません。

▽図8-7：ESP32とジョイスティック

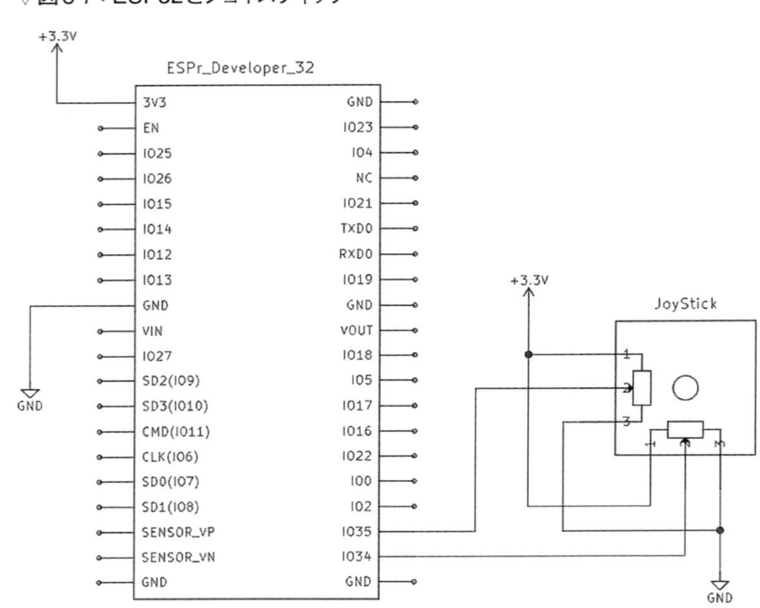

▽プログラム8-5：JoyStick_test.ino

```
#define Xpin 35
#define Ypin 34

void setup() {
    Serial.begin(115200);
    while (!Serial) ;

    pinMode(Xpin, INPUT);
    pinMode(Ypin, INPUT);
}

void loop() {
    Serial.printf("%d, %d/r/n", analogRead(Xpin), analogRead(Ypin));
    delay(1000);
}
```

ジョイスティックによるカメラの向きの制御

　ではジョイスティックでカメラマウントを制御してみます。ESP32とカメラマウントの2つのSG90、ジョイスティックは**図8-8**のように接続します。**写真8-5**と**写真8-6**も参考にしてく

▽図8-8：ESP32、SG90、ジョイスティック

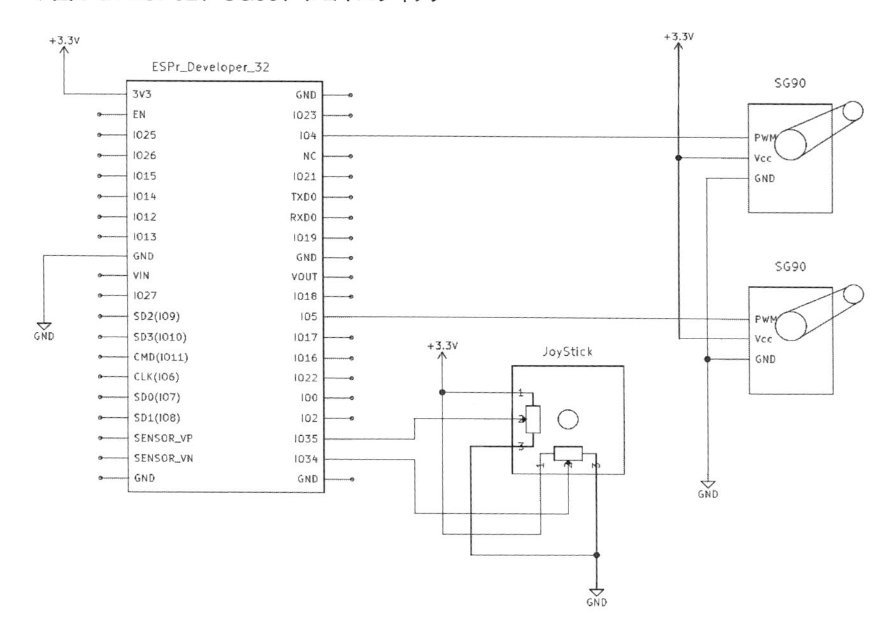

▽写真8-5：ジョイスティックとカメラマウントの配線の様子

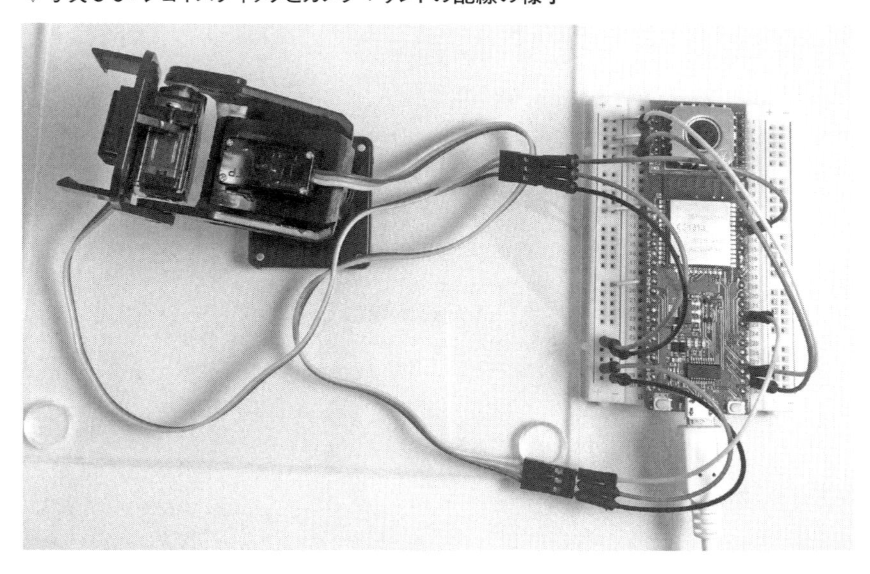

▽写真8-6：ジョイスティックとカメラマウント

ださい。

ジョイスティックの上下方向、左右方向の電圧値をanalogRead関数で読むと、値は0から4095まで変化します。それに対応して水平方向、上下方向を制御するSG90の角度を-90°から90°に動かすようにします。analogRead関数で読んだ値を、angle = map(x, 0, 4095, -90, 90);のようにArduinoのmap関数で角度に変換し、SG90クラスのwriteメソッドでSG90をその角度に動かします。

プログラム全体は**プログラム8-6**のようになります。

プログラム8-6をビルドして動かしてみましょう。ジョイスティックのツマミを操作すると、それに合わせてカメラマウントの方向が制御できます。

自動で熱源を追いかける装置を作る

カメラマウントの方向の制御方法が分かったので、第7章で開発した赤外線アレイセンサをカメラマウントに載せて、常に熱源の方向を向く装置を作ります。赤外線アレイセンサで得られたデータからもっとも温度の高い画素を見つけ、その点が画面の中央に来るようにカメラマウントを制御します。

▽プログラム8-6：pantilt_joystick_test.ino

```
#include "SG90.h"

#define Xpin 35         // X方向のジョイスティックの値を読むピン
#define Ypin 34         // Y方向のジョイスティックの値を読むピン

SG90 pan;                // 水平方向を制御するSG90のインスタンス
SG90 tilt;               // 上下方向を制御するSG90のインスタンス

void setup() {
    Serial.begin(115200);
    while (!Serial) ;

    pan.begin(4, 15);  // GPIO4、チャネル15で初期化
    tilt.begin(5, 14);  // GPIO5、チャネル14で初期化

    pan.write(0);       // 水平方向、正面を向く
    tilt.write(0);      // 上下方向も正面を向く
    delay(500);

    pinMode(Xpin, INPUT);  // ジョイスティックの値を読むピンを入力モードに
    pinMode(Ypin, INPUT);
}

void loop() {
    int x = analogRead(Xpin);  // X方向のジョイスティックの値を読む
    int y = analogRead(Ypin);  // Y方向も読む

    Serial.printf("%d, %d/r/n", map(x, 0, 4095, -90, 90), map(y, 0, 4095, -90, 90));
    pan.write(map(x, 0, 4095, -90, 90));  // xの値が0～4095に対して-90°から90°に制御
    tilt.write(map(y, 0, 4095, -90, 90));  // yも同様
    delay(500);
}
```

もっとも温度の高い画素を見つける

赤外線アレイセンサのデータからもっとも温度の高い画素を見つけるとき、それが**図8-9 a**のように1つだけなら簡単ですが、**図8-9 b**のように最高温度の画素が複数あることもあります。

最高温度の画素が複数あるのは「複数画素にまたがる大きな熱源がある場合」と「同じ温度の熱源が複数ある場合」とが考えられますが、大きな熱源があるケースのほうが多いと思われます。そこで、最高温度の画素が複数ある場合は、その重心を計算することにします。

第7章の**プログラム7-5**の赤外線アレイセンサのデータを取得しているloop関数に、最高温度の画素を見つける処理を加えると**プログラム8-7**のようになります。

最高温度の画素のx、y座標を記録する配列Tx、Tyを用意し、最高温度の画素を見つけたら、その座標とその個数を記録します。最後にx軸、y軸それぞれの平均を取り、最高温度の画素の重心座標を計算しています(**図8-10**)。元のデータはx軸、y軸とも0から8までの座標ですが、中心が(0, 0)になるようにしています。

▽図8-9：赤外線アレイセンサ・データ

21.2	21.8	21.8	22.0	23.2	24.5	24.0	23.8
22.5	22.8	22.0	22.8	28.2	33.5	31.5	25.8
22.0	22.0	22.5	23.0	34.8	(42.5)	41.5	28.2
21.8	22.2	22.5	23.0	35.8	43.5	43.2	29.0
22.2	22.0	22.2	23.2	32.2	40.8	39.8	27.2
22.5	22.2	22.5	23.0	25.5	28.2	27.5	25.0
22.0	21.8	22.0	22.5	25.2	26.0	26.5	23.5
22.2	22.0	22.5	22.0	23.8	25.0	24.2	23.0

a. 最も温度の高い画素が一つ

34.8	44.8	45.8	46.2	46.2	44.0	34.0	27.8
38.2	46.2	46.8	(47.0)	46.5	45.2	37.0	28.2
40.5	46.2	(47.0)	46.8	(47.0)	46.0	39.2	28.2
40.8	46.2	46.8	(47.0)	46.5	45.8	40.2	28.2
40.2	45.5	46.5	46.8	46.2	45.2	39.8	28.0
36.5	44.2	45.5	45.8	45.0	44.0	35.8	27.8
29.5	35.5	41.0	42.2	41.0	35.2	28.5	25.8
28.0	29.8	30.8	31.0	30.2	29.0	26.5	25.0

b. 最も温度の高い画素が複数

▽プログラム8-7：AMG8833_center.ino

```
float temp[64];
unsigned long lastT = 0;

void loop(void) {
    float maxT = 0.0;          // 最高温度
    int Tx[64], Ty[64];        // 最高温度のx、y座標
    int Tn = 0;                // 最高温度の個数
    float Cx, Cy;              // 最高温度の重心座標

    server.handleClient();

    if ((millis() - lastT) > 500) {  // 500ミリ秒に1回処理する
        lastT = millis();

        amg8833.read(temp);  // AMG8833から温度データを取得

        for (int y = 0; y < 8; y++) {
            for (int x = 0; x < 8; x++) {
                float t = temp[(8 - y - 1) * 8 + 8 - x - 1];  // 画素(x, y)の温度を取り出す
                if (maxT < t) {             // 最高温度が更新されたら
                    maxT = t;
                    Tn = 1;                 // 最高温度の個数を1にして、
                    Tx[Tn - 1] = x;         // 最高温度の座標を記録
                    Ty[Tn - 1] = y;
                } else if (maxT == t) {  // 最高温度と同じ温度が見つかったら
                    Tn++;                   // 最高温度の個数を1増やして、
                    Tx[Tn - 1] = x;         // 最高温度の座標を記録
                    Ty[Tn - 1] = y;
                }
            }
        }
        Cx = Cy = 0.0;
        for (int i = 0; i < Tn; i++) {
            Cx += Tx[i];
            Cy += Ty[i];
        }
        Cx = Cx / Tn + 0.5 - 4.0;  // 中心座標が(0, 0)になるようにして重心座標を計算
        Cy = Cy / Tn + 0.5 - 4.0;
        Serial.printf("center: (%.1f, %.1f)/r/n", Cx, Cy);
    }
}
```

▽図8-10：中心が(0, 0)になるように座標をずらす

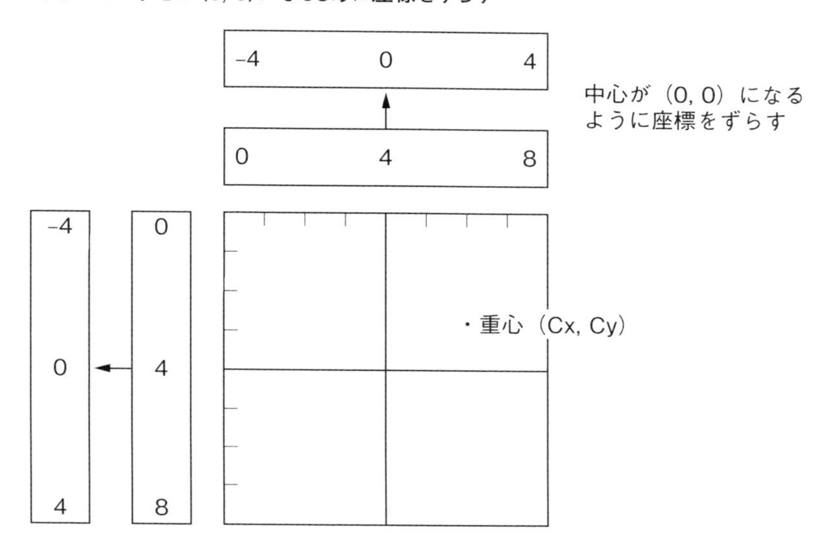

温度の高い画素にセンサを向ける

最高温度の画素が見つけられたので、赤外線アレイセンサをカメラマウントに載せて、最高温度の画素が常に画面の中心になるように制御します。こうすることで、常に熱源の方を向くサーモグラフィカメラを作ります。

赤外線アレイセンサをカメラマウントに載せます。厚みのある両面テープなどで貼り付けると安定して取り付けられます。ここではフラットケーブルの両端に5ピンのソケットとピンヘッダをそれぞれはんだ付けしたものを作り、赤外線アレイセンサとブレッドボードをつなぎました(**写真8-7**)。ジャンパワイヤでつなげても構いませんが、線の長さは25cm以上欲しいので、ジャンパワイヤを2本延長して使うとよさそうです。

回路図は**図8-11**のようになります。全体像としては**写真8-8**および**写真8-9**も参考にしてください。

最高温度の画素が画面の中心になるように、カメラマウントを回転する角度を計算します。まずx軸(水平方向)について考えてみましょう。

赤外線アレイセンサの視野角は横、縦とも60°です。長さ8の線があり、両端が±30°に見えているとすると、見かけの距離lは次の式になります。また、最高温度の画素が中心からC_x離れた位置にあると、その角度$\angle x$は次の式になります(**図8-12**)。

$$l = 4.0 \div \tan(30^\circ)$$
$$\angle x = \mathrm{atan}(C_x \div l) = \mathrm{atan}(C_x \div (4.5 \div \tan(30^\circ)))$$

▽写真8-7：カメラマウントに赤外線アレイセンサをつける

▽図8-11：熱源を追いかけるサーモグラフィカメラ

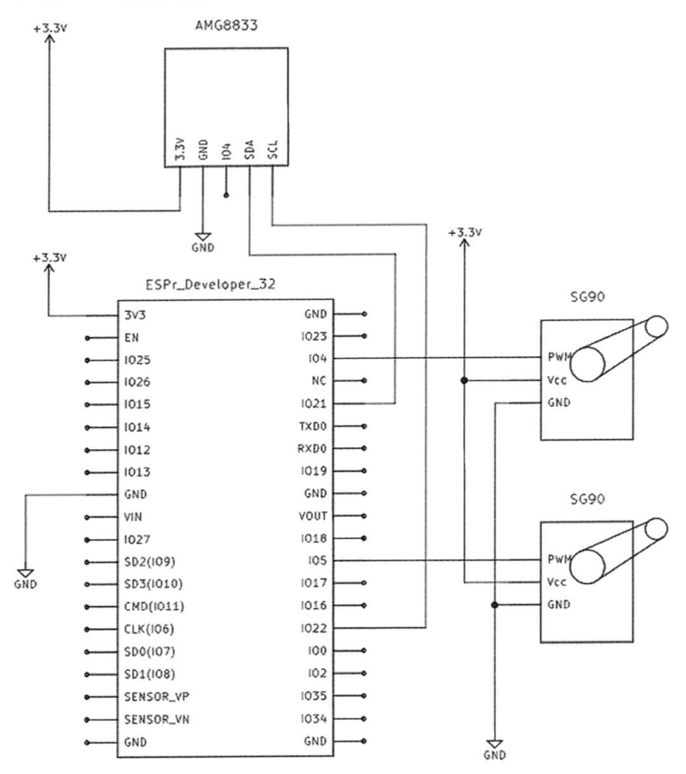

カメラマウントを水平方向に∠x回すと、最高温度の画素はx軸の中心に来ます。y軸も同様です。

赤外線アレイセンサから温度データを取得し、最高温度の画素の座標を求め、その座標が画面の中心になるようにカメラマウントを動かすのは**プログラム8-8**のようになります。

▽写真8-8：配線の様子

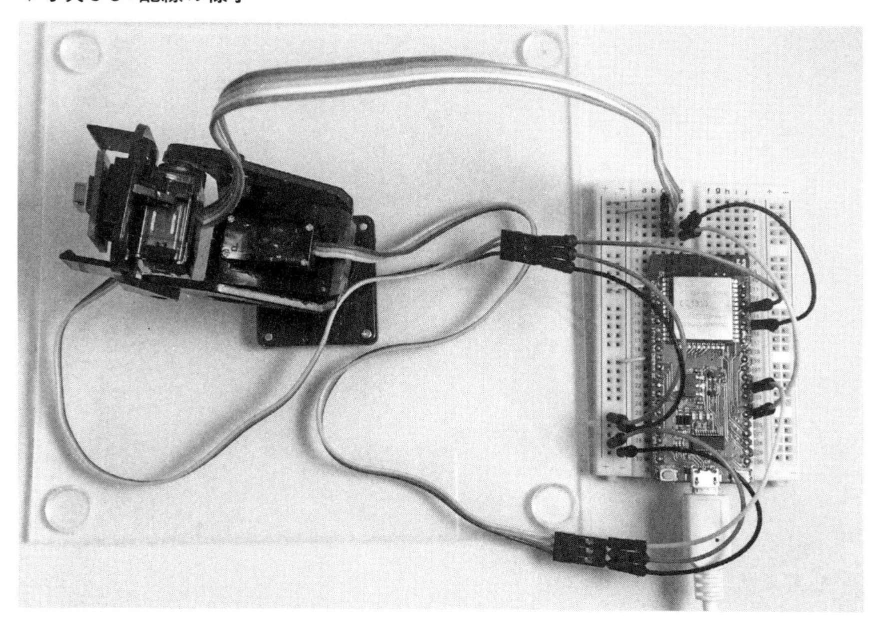

▽写真8-9：熱源を追いかけるサーモグラフィカメラ

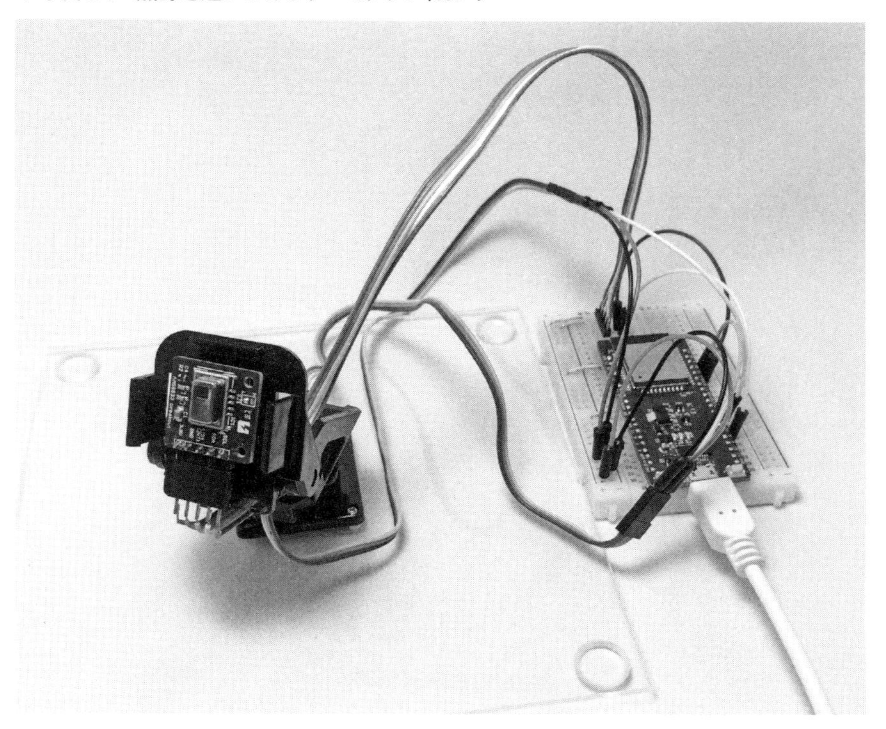

▽図8-12：カメラマウントの移動角度

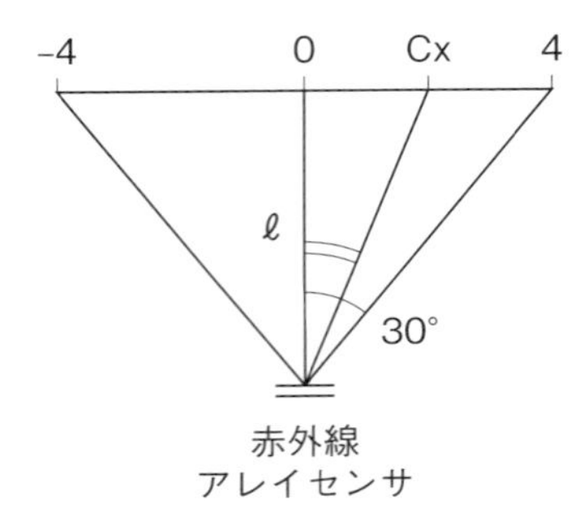

$$\ell = \frac{4}{\tan(30^\circ)}$$

$$\angle x = \mathrm{atan}\left(\frac{Cx}{\ell}\right)$$

▽プログラム8-8：AMG8833_web_pantilt.ino

```
const float Pi = atan(1) * 4;          // Piの値
#define d2r(d) ((d) / 180.0 * Pi)      // 度からラジアンに変換
#define r2d(r) ((r) * 180.0 / Pi)      // ラジアンから度に変換
const float l = 4.0 / tan(d2r(30.0));  // 見かけの距離

float temp[64];
unsigned long lastT = 0;

void loop(void) {
    float maxT = 0.0;           // 最高温度
    int Tx[64], Ty[64];         // 最高温度のx、y座標
    int Tn = 0;                 // 最高温度の個数
    float Cx, Cy;               // 最高温度の重心座標

    server.handleClient();

    if ((millis() - lastT) > 500) {  // 500ミリ秒に1回処理する ----①
        lastT = millis();

        amg8833.read(temp);  // AMG8833から温度データを取得  ----②

        for (int y = 0; y < 8; y++) {     // 最高温度の画素を見つける  ----③
            for (int x = 0; x < 8; x++) {
                float t = temp[(8 - y - 1) * 8 + 8 - x - 1];  // 画素(x, y)の温度を取り出す
                if (maxT < t) {           // 最高温度が更新されたら
                    maxT = t;
                    Tn = 1;               // 最高温度の個数を1にして、
                    Tx[Tn - 1] = x;       // 最高温度の座標を記録
                    Ty[Tn - 1] = y;
                } else if (maxT == t) {  // 最高温度と同じ温度が見つかったら
                    Tn++;                 // 最高温度の個数を1増やして、
                    Tx[Tn - 1] = x;       // 最高温度の座標を記録
                    Ty[Tn - 1] = y;
                }
            }
        }
        Cx = Cy = 0.0;
        for (int i = 0; i < Tn; i++) {  // ----④
            Cx += Tx[i];
            Cy += Ty[i];
```

```
        }
        Cx = Cx / Tn - 4.0;  // 中心座標が(0, 0)になるようにして重心座標を計算
        Cy = Cy / Tn - 4.0;

        Serial.printf("center: (%.1f, %.1f, %.1f, %.1f)/r/n", Cx, Cy, r2d(atan(Cx / l)),
r2d(atan(Cy / l)));
        if (Cx) pan.move(-1 * r2d(atan(Cx / l)));  // ----⑤
        if (Cy) tilt.move(r2d(atan(Cy / l)));
    }
}
```

500ミリ秒ごとに1回(①)、赤外線アレイセンサから温度データを取得し(②)、最高温度の画素を見つけて(③)、その重心座標を計算します(④)。重心座標までの水平方向、上下方向の角度を計算し、サーボモーターを動かします(⑤)。

プログラム8-8をビルドして動かしてみましょう。温かいものを赤外線アレイセンサの前で動かすと、赤外線アレイセンサが熱源を追いかけるのが確認できます。人間も周囲よりは温かいので、人間がセンサの前で動くと、センサはそれを追いかけます。また、ブラウザで **http://thermoCam.local/stream** にアクセスすると、熱源のサーモグラフィ画像が見られます。

なお、赤外線アレイセンサが熱源を追いかける短い動画をYouTubeに公開しました[注1]。動く様子を実際に確認してみてください。

まとめ

第8章では、サーボモーターやジョイスティックの基本的な制御方法を学び、サーモグラフィWebカメラをサーボモーターで制御するカメラマウントに載せて、熱源を追いかけるWebカメラを開発しました。

使った部品はホビー用の簡単なものなので、精度や耐久性は高くありませんが、モノを制御する基本は理解いただけたと思います。

動きのあるモノの制御は、アルゴリズムの違いを目で確かめられて面白いです。皆さんもぜひ試してみてはいかがでしょうか？

注1) https://youtu.be/MzRNas8ZT-4

おわりに

LEDを点滅させるところから、センサデータをクラウドサービスに送って見える化するシステム、熱源を追いかけるサーモグラフィカメラと開発を進めてきました。

ステップ・バイ・ステップで、動作確認しながら開発を進めていくと、複雑に見えるシステムも意外と簡単に開発できることに気づかれたと思います。

▪電子工作は恐くない

始める前にとっつきにくく感じるのは、電子工作も同じです。しかし、電子工作に必要な部品はインターネットの通販サイトでじっくり調べて購入できますし、価格も比較的安価なので、一大決心をしなくても、軽い気持ちでスタートできます。

あとは一歩一歩進んでいけば、経験値もたまり、複雑なシステムにも取り組めるようになります。

▪ネット上の情報交換コミュニティ

インターネットには電子工作やIoTに関して非常に豊富な情報があります。コミュニティではFacebookの次のグループが有用です。

* ESP8266/ESP32環境向上委員会：https://www.facebook.com/groups/927623023964478/
* IoTLT —— IoT縛りの勉強会/LT会：https://www.facebook.com/groups/IoTLT/
* Ambientラボ：https://www.facebook.com/groups/ambientlab/

プログラム共有サイトのGithub、プログラマのための技術情報共有サービスQiita、(英語中心ですが)プログラミング技術に関するコミュニティStack Overflowも非常に参考になります。

* Github：https://github.com/
* Qiita：https://qiita.com/
* Stack Overflow：https://stackoverflow.com/

これらのサイトにはいろいろな作例も公開されています。次に作るもののネタも見つかるかもしれません。

著者が運営する「Ambient」というクラウドサービスのサイトにも、IoTシステムのいろいろなサンプルプログラムと解説を掲載しています。参考にしてみてください。

＊ Ambient：https://ambidata.io/samples/

▪ さぁ、やってみよう!

興味があれば自分のアイデアを形にできる。そのために必要な部品は比較的安価に通販で購入でき、情報は本書やインターネット上から入手できる、私たちは今そんな時代にいます。

あとは一歩を踏み出すだけです。さあ、「やってみよう！」

付録 1：本書で使っている部品リスト

本書で使っている部品のリストを章ごとにリストにしました。第2章から第4章までで使っている部品はスイッチサイエンス社の「IoT開発スタートブック入門キット」として購入できます。

		部品名	個数	単位	主な購入先	コード番号	単価(円)	備考
第2章	1	ESPr Developer 32	1	個	スイッチサイエンス	SSCI-032100	2,160	
	2	普通のピンヘッダ	2	個	スイッチサイエンス	ANYM-P-001	378	10本入り
	3	USB2.0ケーブル(A-microBタイプ)50cm	1	個	スイッチサイエンス	SSCI-010351	162	
	4	3mm白色LED 70°	2	個	秋月電子	OSW4YK3Z72A	20	
	5	カーボン抵抗 1/4W 220Ω	2	個	秋月電子	CF25J220RB	100	100本入り
	6	普通のジャンパワイヤ(オス〜オス)	1	セット	スイッチサイエンス	EIC-UL1007-MM-015	432	
	7	普通のブレッドボード	1	個	スイッチサイエンス	EIC-801	270	
第3章	1	LM61BIZ 温度センサIC	1	個	スイッチサイエンス	TI-LM61BIZ	162	
	2	Si7021搭載 温湿度センサモジュール	1	個	スイッチサイエンス	ADA-3251	972	
	3	固いジャンパワイヤ(ブレッドボード用)	1	セット	スイッチサイエンス	EIC-J-S	270	
第4章	1	電池ボックス 単3×3本リード線	1	個	秋月電子	BH-331-3A	60	
		カーボン抵抗 1/4W 100kΩ	2	個	秋月電子	RD25S 100K	100	100本入り
第2章〜第4章		IoT開発スタートブック入門キット			スイッチサイエンス			第2章〜第4章で使う部品のキット。抵抗は100本でなく、必要本数入っています
第6章	1	クランプ式AC電流センサ30A	2	個	スイッチサイエンス	SFE-SEN-11005	1,343	
	2	オーディオジャック+ピッチ変換基板のセット	2	セット	スイッチサイエンス	SFE-PRT-10588+PRT-08032	276	
	3	長いブレッドボード	1	個	スイッチサイエンス	EIC-16020	513	
	4	カーボン抵抗 1/4W 51Ω	2	個	秋月電子	CF25J51RB	100	100本入り
	5	カーボン抵抗 1/4W 4.7kΩ	2	個	秋月電子	RD25S 4K7	100	100本入り

第6章	6	10bit 4ch ADコンバータ MCP3004-I/P	1	個	秋月電子	MCP3004-I/P	190	
第7章	1	Conta サーモグラフィー AMG8833搭載	1	個	スイッチサイエンス	SSCI-033954	4,860	
	2	1.27インチ16ビット色のOLEDディスプレイ（microSDスロット付き）	1	個	スイッチサイエンス	ADA-1673	4,903	
第8章	1	Pan/Tilt機構作成キット	1	セット	スイッチサイエンス	SFE-ROB-14391	903	
	2	アナログジョイスティックDIP化キット	1	個	秋月電子	AE-JY-DIP(KIT)	250	

※2019年6月7日時点の価格です

付録2：MicroPython ESP32関連モジュール

付録2では、主に第5章で紹介したMicroPythonのモジュールのうち、ESP32に関連したモジュールを解説します。

ESP32の制御

ESP32の制御には`machine`モジュールを使うもの、`esp`モジュールを使うもの、`esp32`モジュールを使うものがあります。

```
# machineモジュール
import machine
machine.freq()              # 現在のCPUクロック速度を得る
machine.freq(240000000)     # CPUクロックを240MHzに設定する

# デバイスがdeep sleepから復帰したか調べる
if machine.reset_cause() == machine.DEEPSLEEP_RESET:
    print('woke from a deep sleep')

machine.deepsleep(10000)  # 10秒間Deep Sleepする

machine.reset()             # デバイスをリセットする
```

`reset_cause`メソッドはリセットの原因を返します。`deepsleep`メソッドで、指定した時間デバイスをDeep sleep状態にできます。また、`reset` メソッドはデバイスをリセットします。

```
# espモジュール
import esp

esp.osdebug(None)           # OSデバッグメッセージをオフにする
esp.osdebug(0)              # OSデバッグメッセージをUART(0)に出す

esp.flash_size()            # フラッシュメモリサイズを得る
esp.flash_user_start()      # フラッシュメモリのユーザー領域の先頭アドレスを得る
esp.flash_erase(sector_no)                # フラッシュメモリを消去する
esp.flash_write(byte_offset, buffer)  # フラッシュメモリに書き込む
esp.flash_read(byte_offset, buffer)   # フラッシュメモリを読む
```

ESP32には温度センサが内蔵されていますが、この温度センサは、周囲の温度よりも少し高めの値が得られます。

```
# esp32モジュール
import esp32

esp32.hall_sensor()         # 内蔵ホールセンサ（磁気センサ）の値を読む
esp32.raw_temperature()     # 内蔵温度センサの値を読む（値は華氏）
esp32.ULP()                 # ULPにアクセスする
```

タイマ

タイマはmachine.Timerクラスを使って制御します。periodの単位はミリ秒です。

```
# Timerクラス
from machine import Timer

tim = Timer(-1) # タイマオブジェクトを作る

# コールバック関数を指定してワンショットタイマを初期化する
tim.init(period=5000, mode=Timer.ONE_SHOT, callback=lambda t:print(1))

# コールバック関数を指定して周期タイマを初期化する
tim.init(period=2000, mode=Timer.PERIODIC, callback=lambda t:print(2))
```

ピンとGPIO

ピンとGPIOの制御はmachine.Pinクラスを使います。

```
# Pinクラス
from machine import Pin

p0 = Pin(0, Pin.OUT)     # GPIO0を出力モードで扱うオブジェクトを作る
p0.on()                  # ピンをon（HIGH）レベルにする
p0.off()                 # ピンをoff（LOW）レベルにする
p0.value(1)              # ピンを"on"（HIGH）レベルにする

p2 = Pin(2, Pin.IN)      # GPIO2を入力モードで扱うオブジェクトを作る
print(p2.value())        # ピンの値を得る（0か1）

p4 = Pin(4, Pin.IN, Pin.PULL_UP)  # GPIO2を入力モードで扱い、内部プルアップする
p5 = Pin(5, Pin.OUT, value=1)     # GPIO0を出力モードで扱い、生成時にHIGHにする
```

パルス幅変調(PWM)

パルス幅変調はmachine.PWMクラスで制御します。

```
# PWMクラス
from machine import Pin, PWM

pwm0 = PWM(Pin(0))  # ピンを指定してPWMオブジェクトを作る
pwm0.freq()         # 現在の周波数を得る
pwm0.freq(1000)     # 周波数を設定する
pwm0.duty()         # 現在のデューティサイクルを得る
pwm0.duty(200)      # デューティサイクルを設定する
pwm0.deinit()       # 指定したピンのPWMをやめる

# オブジェクト生成と設定を同時におこなう
pwm2 = PWM(Pin(2), freq=20000, duty=512)
```

AD変換

AD(アナログ・デジタル)変換はmachine.ADCクラスでおこないます。

```
# ADCクラス
from machine import ADC

adc = ADC(Pin(32))  # ピンを指定してADCオブジェクトを作る
adc.read()          # 値を読む。0.0～1.0Vに対して0～4095の値が返される

adc.atten(ADC.ATTN_11DB)  # 11dBの減衰器を設定する(入力は約0.0～3.6Vになる)
adc.width(ADC.WIDTH_9BIT) # 分解能を9ビットに設定する(出力が0～511になる)
adc.read()                # 値を読む。設定された減衰率と分解能の値が返される
```

ESP32のAD変換には減衰器が内蔵されており、上記の例のとおりattenメソッドで減衰率を設定できます。引数は下記のとおりです。

* ADC.ATTN_0DB：0dBの減衰を設定。入力は0.00Vから1.00Vになる。デフォルト設定
* ADC.ATTN_2_5DB：2.5dBの減衰。入力は0.00Vから1.34V
* ADC.ATTN_6DB：6dBの減衰。入力は0.00Vから2.00V
* ADC.ATTN_11DB：11dBの減衰。入力は0.00Vから3.60V

また、AD変換の分解能を設定するwidthメソッドの引数は下記のとおりです。

* ADC.WIDTH_9BIT：9ビット
* ADC.WIDTH_10BIT：10ビット

* ADC.WIDTH_11BIT：11ビット
* ADC.WIDTH_12BIT：12ビット。デフォルト設定

DA変換

DA（デジタル・アナログ）変換はmachine.DACクラスでおこないます。

```
# DACクラス
from machine import DAC, Pin

dac = DAC(Pin(25))  # ピンを指定してDACオブジェクトを作る
dac.write(0)        # ピンに値を書く（0～255が0.0～3.3Vに対応）
dac.write(255)
```

writeメソッドの引数は0から255の範囲で、そのときの出力が0.0Vから3.3Vになります。

ソフトウェアSPI

ESP32にはソフトウェアで実装されたSPIとハードウェアを使ったSPIの2つがあります。ソフトウェアSPIはmachine.SPIクラスで制御します。

```
# SPIクラス
from machine import Pin, SPI

# 速度、極性、フェーズ、ピンを指定してSPIオブジェクトを作る
spi = SPI(baudrate=100000, polarity=1, phase=0, sck=Pin(0),
              mosi=Pin(2), miso=Pin(4))

spi.init(baudrate=200000)   # 速度を設定する

spi.read(10)                # MISOから10バイト読む
spi.read(10, 0xff)          # MISOから10バイト読み、MOSIに0xffを書く

buf = bytearray(50)         # バッファを作る
spi.readinto(buf)           # 与えられたバッファにデータを読む（この場合、50バイト読む）
spi.readinto(buf, 0xff)     # 与えられたバッファにデータを読み、MOSIに0xffを書く

spi.write(b'12345')         # MOSIに5バイト書く

buf = bytearray(4)          # バッファを作る
# MOSIに5バイト書き、MISOからバッファにデータを読む
spi.write_readinto(b'1234', buf)
# バッファのデータをMOSIに書き、MISOからバッファにデータを読む
spi.write_readinto(buf, buf)
```

ハードウェアSPI

次はハードウェアSPIです。ESP32にはHSPIとVSPIという2つのSPIチャネルがあります。

```
# SPIクラス
from machine import Pin, SPI

# ピンを指定してHSPIのオブジェクトを作る
hspi = SPI(1, 10000000, sck=Pin(14), mosi=Pin(13), miso=Pin(12))

# 速度、極性、フェーズ、ビット数、ファーストビット、ピンを指定してVSPIのオブジェクトを作る
vspi = SPI(2, baudrate=80000000, polarity=0, phase=0, bits=8,
                firstbit=0, sck=Pin(18), mosi=Pin(23), miso=Pin(19))
```

引数に1を指定するとHSPI、2を指定するとVSPIのオブジェクトが作られます。それ以外のメソッドはソフトウェアSPIと同じです。

I2C

I2Cは`machine.I2C`クラスで制御します。

```
# I2Cクラス
from machine import Pin, I2C

# ピンと周波数を指定してI2Cオブジェクトを作る
i2c = I2C(scl=Pin(5), sda=Pin(4), freq=100000)

i2c.readfrom(0x3a, 4)      # アドレス0x3aのスレーブデバイスから4バイト読む
i2c.writeto(0x3a, '12')    # アドレス0x3aのスレーブデバイスに'12'を書く

buf = bytearray(10)        # 10バイトのバッファを作る
i2c.writeto(0x3a, buf)     # アドレス0x3aのスレーブデバイスにバッファの中身を書く
```

リアルタイムクロック(RTC)

リアルタイムクロックはmachine.RTCクラスで制御します。

```
# RTCクラス
from machine import RTC

rtc = RTC()      # RTCオブジェクトを作る
rtc.datetime((2017, 8, 23, 1, 12, 48, 0, 0)) # 指定した日時、時刻を設定する
rtc.datetime()  # 日時、時刻を得る
```

TouchPad

ESP32の静電容量タッチセンサはmachine.TouchPadクラスで制御します。

```
# TouchPadクラス
from machine import TouchPad, Pin

t = TouchPad(Pin(14)) # ピンを指定してタッチパッドオブジェクトを作る
t.read()              # ピンの状態を読む（ピンに触れると小さい値が返る）
```

ピンに触れるとreadメソッドで小さい値が返り、触れていないと大きな値が返ります。値はボードや周囲の状況によって変わりますが、ESPr Developerで実験したところ、ピンに触れたときの値が126、触れていないときが714でした。

ウォッチドッグタイマ(WDT)

ウォッチドッグタイマは、アプリケーションが暴走したときなどに、システムを再起動するために使います。ウォッチドッグタイマを起動したら、アプリケーションは定期的にfeedメソッドを呼ぶ必要があります。

```
# WDTクラス
from machine import WDT

# タイムアウト値を指定してウォッチドッグタイマを起動する
wdt = WDT(timeout=2000)
# ウォッチドッグタイマをクリアする
wdt.feed()
```

索引

S

T

U

V

W

ア行

カ行

サ行

タ行

ナ行

ハ行

マ行

ヤ行

ラ行

下島 健彦（しもじま　たけひこ）

NECで組込みシステム向けリアルタイムOSの開発、米スタンフォード大学計算機科学科への留学を経て、インターネットプロバイダ事業BIGLOBEの立ち上げからメディア事業を担当。2015年ごろから個人でIoTデーター可視化サービス「Ambient（https://ambidata.io）」を開発、運営。現在、アンビエントデーター株式会社代表取締役。日本のM5Stackユーザーグループ主催。趣味はお茶とツール・ド・フランス観戦。

◆カバーデザイン　新井大輔
◆カバー・本文イラスト　ヤギワタル
◆本文デザイン／レイアウト　朝日メディアインターナショナル株式会社
◆編集　村下昇平

■お問い合わせについて
本書に関するご質問は、本書に記載されている内容に関するもののみとさせていただきます。本書の内容と関係のないご質問につきましては、いっさいお答えできませんので、あらかじめご了承ください。また、電話でのご質問は受け付けておりませんので、本書サポートページ経由かFAX・書面にてお送りください。

＜問い合わせ先＞
●本書サポートページ
https://gihyo.jp/book/2019/978-4-297-10736-9
本書記載の情報の修正・訂正・補足などは当該Webページで行います。

●FAX・書面でのお送り先
〒162-0846　東京都新宿区市谷左内町21-13
株式会社技術評論社　雑誌編集部
『IoT開発スタートブック』係
FAX：03-3513-6173

なお、ご質問の際には、書名と該当ページ、返信先を明記してくださいますよう、お願いいたします。
お送りいただいたご質問には、できる限り迅速にお答えできるよう努力いたしておりますが、場合によってはお答えするまでに時間がかかることがあります。また、回答の期日をご指定なさっても、ご希望にお応えできるとは限りません。あらかじめご了承くださいますよう、お願いいたします。

IoT開発スタートブック
ESP32でクラウドにつなげる電子工作をはじめよう！

2019年 8月24日　初　版　第1刷発行
2022年 4月20日　初　版　第3刷発行

著　者　下島健彦

発行者　片岡　巌
発行所　株式会社技術評論社
東京都新宿区市谷左内町21-13
TEL：03-3513-6150（販売促進部）
TEL：03-3513-6177（雑誌編集部）
印刷／製本　昭和情報プロセス株式会社

定価はカバーに表示してあります。

ISBN978-4-297-10736-9 C3055

Printed in Japan